恋习

Practice
to
love

1

夏川山 马婷婷 · 主编

文化发展出版社
Cultural Development Press

图书在版编目（CIP）数据

恋习. 1 / 夏川山, 马婷婷主编. — 北京 : 文化发展出版社, 2018.5
ISBN 978-7-5142-2187-9

Ⅰ. ①恋… Ⅱ. ①夏… ②马… Ⅲ. ①人生哲学－通俗读物 Ⅳ. ①B821-49

中国版本图书馆CIP数据核字(2018)第049162号

恋习1

夏川山　马婷婷　主编

责任编辑：周　蕾
特约编辑：李乐晨　罗雪峰
责任印制：杨　骏
装帧设计：刘　洋

文化发展出版社 出版
Cultural Development Press

北京市翠微路2号　邮编：100036　网址：www.wenhuafazhan.com
重庆升光电力印务有限公司印刷
重庆课堂内外杂志有限责任公司发行
重庆市渝北区财富大道19号财富中心财富三号B栋7楼　邮政编码：401121
电话：（023）63659858

开本：787 mm×1 092 mm　1/32　印张：5　字数：120千
版次：2018年7月第1版　印次：2018年7月第1次印刷
ISBN：978-7-5142-2187-9
定价：30.00元

如有印装质量问题，请与重庆课堂内外杂志有限责任公司联系调换：023-63659865

序言

Preface

我的朋友圈里藏着很多有才华的生活家。认识他们之后，我就再不敢轻易更新朋友圈了。跟他们比起来，我那循规蹈矩的生活确实没什么好显摆的。

因为杂志要做一个关于生活方式的栏目，需要找一些“活得很漂亮”的人来分享自己的成长经历和生活方式。于是，我在茫茫人海中找到了这群掌握着特殊生活技能的人。

都说生活平平淡淡才是真，但当我跳进不同的生活体验里，见证他们把最初的理想和热爱促成自己的生活，影响着身边的人，也成为其他人的参考坐标的时候，我开始嫌弃起自己平平淡淡的生活了。

人生的有趣，就在于你拥有自主选择权。随大流的活法，你或许感到安全，但不一定会觉得痛快。

你要相信，世界上有无数种生活方式，也总有人活成了你想要的那种。

现在，我们负责把他们挖掘出来，呈现在你面前。

我们立志，一定要让生活过得比那个口头上的灵魂更有魅力。

不然，来这世上走一遭，真的只是为了晒晒太阳吗？

主编 马婷婷

目录

CONTENTS

Good.

没有向往，不如回家上网。

FOOD

创意市集

大商场、美术馆、公园或是一块闲置的草坪，都可能撞见大大小小的创意市集，摊主们带着自己的“货物”从四面八方赶来，摊位次第有序地铺陈开来，一群笑容明亮、活力四射的青年男女，站在琳琅满目的摊位前热情招呼，那些五花八门的商品均由他们自己设计：服装、配饰、皮革制品、家居装饰品、盆栽……会做生意的摊主还会大大方方邀人品尝自己做的美食，若运气够好，或许还能边购物边欣赏到摇滚乐队的纵情表演。

不过这年头有志于做创意市集的青年们可谓任重道远，因为顾客的口味越来越刁了。他们已经不能满足于时尚杂志编辑们并不高明的眼光，或是不思进取的设计师手下没意思的产品。他们想要的，可能是你在某个暗藏的酒吧里听到的，让耳朵发痒的迷幻音乐和那款造型奇特的烟灰缸，或许是哪个年轻设计师的精品小店里那条艳粉色带兔子图案的T恤，抑或那只从角落里捡来，加上自己有主见的编排，就变成夺目宝贝的废旧藤椅……

你若猜不透他们的心思，不能保证独一无二的创意设计、提供适应多元需求的空间，他们是绝不愿意为你这一摊买单的。

Good Life

给生活一个坚定走下去的理由

01#

陈柔霖 / 市集玩家

Weibo / 理智小姐_R

大二那年，网购刚刚兴起，每个月我都会省下一部分生活费用来在网上淘小东西，淘来的小物件就用来装饰宿舍属于我的那小小一隅。那时的室友们对我的喜好很不理解，虽然她们也都很欣赏我装饰好的书桌。后来想想，可能因为我是巨蟹座吧，就是很享受这种被一件件喜爱的小东西填满的安全感和温馨感。

一年过去，我在广州某个商场里闲逛时，意外遇到了正在举办的“森市集”。只见商场的中庭处摆满了各式各样的摊位，我从头逛到尾，大饱了一次眼福：俏皮的刺绣小物，华丽又低调；水晶原石项链，通透精致；用纯羊毛纯手工一针一针扎起来的家居用品，温暖梦幻；绚丽的扎

染衣物，每件都独一无二，还有从外国二手市场淘回来的首饰，尽显异域风情……很多小东西都让我喜欢得不得了，关键是，很多特别的物件价格都不会很贵。就这样，我爱上了在市集淘宝的感觉。闲逛中得知，这个市集每个月底都会在商场定期举办一次，自此之后我基本每个月都会去，混熟了以后，还在森市集里做过几次小摊主呢。

继森市集后，我又逛过很多不同主题的市集，比如萌系的“小阳台”和“恋物志”，摊主们会响应市集的主题，穿得很可爱，卖的商品也大多是少女系的风格。还有主打复古mix异域风格的“麻花墟市集”，创始人Grace是个曾在澳洲旅居多年的大美女，深受国外市集文化的熏陶影响。她说：“创意市集是最为草根、新锐的街头时尚发源地，也是众多才华横溢的原创艺术家与设计师的事业起点。”她希望更多具有天分的人能在集市中被发掘出来，发挥自己的最大价值，所以回国后就创办了麻花墟市集。

多逛几次后，我开始接触到一些和自己原本生活圈完全不同的人，他们大多是市集的摊主，我很喜欢和他们聊天，他们也很nice。当你来到他们的摊位前，他们就会很热情地为你介绍他们的产品概念，有的摊主还一边摆摊一边做着手作作品。

我记得逛森市集的时候，遇到的一个小摊主是广美在读生，她是做手工包包和小布艺的，她的摊位前站满了小孩子。后来她告诉我，很多广美的学生都喜欢做手工，在读书时已经开始了自己的小小事业。

的确，在之后逛的其他市集中，也遇到不少广美的学生，有的摆摊卖自己的画和设计的手机壳，有的是画小插画，有的做其他的手工作品。他们把好玩儿、幽默、专注，放进他们的设计里，也很专心地在做自己。如果看一个人的作品就可以看出他的性格的话，你一定能感受到他们的单纯和认真。

市集就是这么一个神奇的圈子，你可以在里面淘到很特别、独一无二的东西，还可以认识志同道合的人。这些人在市集的生意，或许可以养活自己，或许还不可以。但有了自己的作品，有了自己的忠实顾客，遇到能懂得他们欣赏他们的人，这是多么快乐多么有成就感的事情啊！这也是我想要拥有的生活。

与其说市集是一个摆满琳琅满目的商品和充斥着五花八门的设计的地方，不如

ORGANIC ALMOND MILK
J&J
ALL NATURAL
Benefits
To against cancer
To stabilize blood sugar level
No saturated fat & cholesterol
High in antioxidant for healthy skin
Hormone & lactose free
ORGANIC
PLUS

说是一个个人物故事的汇集，与其说我喜欢逛各种不同主题的市集，不如说我是想去邂逅更多志同道合的朋友。他们展现的众生相给人一种视野、一种态度，以及给了当下生活一个坚定走下去的理由。

现在，市集已经成为我生活中不可或缺的一部分，只要有空，逛市集基本已成为我周末的固定活动。穿上一双简易舒适的平底鞋，背上一个帆布包悠悠闲闲地出门去，再淘鼓鼓囊囊的一大包回来，换得心绪明朗一整天。

questions
and
answers

Q：最近又有逛到什么好玩的市集吗？

A：前不久在清迈逛了一个车尾箱二手市集，广场上放着音乐，摊主们打开汽车尾箱，摆出自己的物品，还有一些是开着古董车来的呢，超带感的！出售的商品有很多是vintage。

Q：会介意淘很多二手的东西吗？

A：其实二手文化在国外一直是人们生活中不可或缺的一部分，就像吃饭睡觉一般是再普通不过的事情。但在国内，大部分人应该还不太能接受二手的东西。其实见仁见智吧。我个人觉得，能遇到喜欢的物品本来就是一种缘分，二手还是全新，倒不是最重要的。

Q：市集是外出旅行必备打卡地点？

A：其实在不同地方逛市集是件很有趣的事，不同的城市、人文风情，都会在当地的市集上得到体现。所以，大家去旅行的时候，不妨可以牺牲一下看大众景点的时间，去逛逛当地的市集哦。

一定要坚持做自己喜欢做的事啊

02#

汪小树 / 市集摊主
Wechat / 18625515755

傍晚的通州运河公园，热浪已退去大半，不宽不窄的道路两旁，数十个摊位一个挨着一个，百米长的摊位被团团簇拥，熙熙攘攘好不热闹。对面的草莓舞台上，痛仰乐队的主唱声嘶力竭地吼着“再见杰克，再见我的凯鲁亚克……”看台下人头攒动，随着音乐的节奏开始摇摆起来。我也很想加入他们的队伍跟他们一起振臂高呼，但我早就累得抬不起胳膊了。刚就餐完，我只好站直了身体静静观望了一会儿。没错，作为半个摇滚迷，这是我第一次来草莓音乐节，但我的身份不是歌迷，而是创意市集的摊主。那一次，同样是我第一次参加创意市集。

那年的北京草莓音乐节加入了创意市

集版块，我作为原创品牌的实习生，被分配过去卖东西。由于是户外市集，所以要提前和主办方沟通好场地的大概环境和情况，做好应对天气变化的准备工作、布置好休息区、饮食区，然后换好用来找零的零钱。

最辛苦的事情就是搬货运货了，我和几个同去的小伙伴推着小推车来来回回跑了不知道多少次，晚上九点多才卸完货。那时的运河公园，连舞台上试音的音响、贝斯、灯光都收工了，一片死寂。我们撑着最后一口气，又开始七手八脚地制作手绘海报。彩色水笔、彩纸、剪刀、胶水，几个人头顶着头，边吵边完成了这最后的一步。倒在床上一看，已经凌晨一点了。

第二天正式开场的音乐节上，人潮汹涌，我们就一直站在摊位上，从头到尾地给每一位顾客解说产品，收钱，包装，赔着笑脸，整理摊位，买水买饭，记录好所有的账目，甚至还要在烈日下喊口号卖吆喝。但值得骄傲的是，我们很多畅销的产品开张几小时，就卖光了这三天的全部存货。到了第二天，全部脱销了，只好匆忙再赶制一批。

第一对买下我们徽章的情侣，我们为他们拍了照。男孩神情干净简单，女孩娇羞中透着照人的光彩。他们为彼此戴上徽章，笑得有一点儿羞涩，还有一点儿得意。在我的想象里，草莓音乐节就是一群易愤怒、很嚣张的青年的聚集地，但那些在我们摊位前买东西的顾客却又让人感觉格外温情。

草莓音乐节的市集算得上是我“市集生涯”的启蒙，后来去各个地方参加市集成了我的一种新的生活方式。有时，自己摊位的产品一件都没卖掉，也会买一堆可能有用，也可能只是好看的东西回来，分享给朋友。

在市集里，会发现很多很棒的原创品牌和个人工作室，认识好多有趣有态度的人。有的后来成为了朋友，有的只是匆匆过客，还有一些我一直怀着敬畏之心关注着。

目前我个人最喜欢的市集是简单生活节Simple Life，它的市集分为很多区域，包括纯净市场、果实小巷、私房生活、梦想工坊、森林市集，融合了有机食品、手工达人、T恤、家居设计等，几乎囊括了都市年轻人生活的方方面面。

我的摊位经常设在森林市集单元，主办方会时不时过来关心一下，询问有没有什么需要，很贴心。顾客也很好，温和懂礼貌。

有一次，我们正在吃午饭，一个20岁左右的小姑娘慌慌张张地跑过来，递给我们几10块钱，说不好意思昨天买完东西忘记付钱了。她一说，我就想起这回事儿了，但当时实在太忙碌，并没有记住她的模样。能遇到这么诚信的人实在是很暖心呢。

可是近两年来，市集活动层出不穷，有的市集渐渐成了音乐节的标配，成了商场的固定活动，成了地产新的营销方式，主办方少了很多用心的部分，创作者们用来创作的精力也少了，只追逐利益的摊主却开始变多了。通常都是这样的，人一旦追逐起利益来，作品就会少些灵光。

我记得简单生活节的slogan是，“做自己喜欢做的事，让自己喜欢做的事情有价值”，我想，至少，这是我的一种心愿，也是一种坚持吧。

questions
and
answers

Q：感觉你参加过不少市集呀。

A： 草莓音乐节市集、大爱音乐节市集、迷笛音乐节市集、简单生活节、幸福生活节、造作市集、河南省潮流文化节、钱塘江市集……我还要继续说吗？

Q：喜欢创意市集，跟你现在的工作选择有没有关系？

A： 喜欢创意市集是好奇心的驱使，我现在的工作是郑州一个艺术园区的项目运营负责人，我很喜欢也热爱这份工作，只有自己喜欢的事情才能够让我有源源不断的动力。市集只是有趣活动的一种形式，不要把自己的方向和职业规划定得太死板，跨界和融合我觉得也很OK。

Q：在做摊主的时候，有没有比较有意思的经历？

A： 你正在收拾整理摊位的时候，说不定就会有大明星突然出现，和你聊天，喜欢的话还会买你的东西。我见到过李宗盛，还见过张震岳、刘若英、五月天阿信、张震、朱丹、陈升……

有好物好友的地方 就是乌托邦

03#

吾空空 / 创作达人
Weibo / 吾空空

我是一个从内到外都散发着懒人气质的人。在上海步履匆忙地度过了5年工作生涯，身体和脑子就开始慢慢变得不想动弹。从上海到郑州，超过900公里的路程，坐飞机两个小时，最快的火车也要跑上7个小时，这一路的颠簸，我用了6年的时间慢慢适应和习惯，但实在忍受不了日渐失去知觉的日子，理想中那种一边逛街、一边创作、一边捕获生活的日子眼看离我越来越远，于是，索性辞了职，做一名自由插画师。

画画、做设计、看展，填满了我那段时间的生活。现代人都渴望过小而精的生活，而那些随处可见可买的商品市场早已饱和。近几年，“文艺+创意”这种生活模式备受人们青睐，呈现出越来越日常化的趋势。放空过后，我也赶紧追上时代发展的潮流，成立了自己的工作室，做插画设计的工作和一些自己的插画衍生产品，开了个淘宝

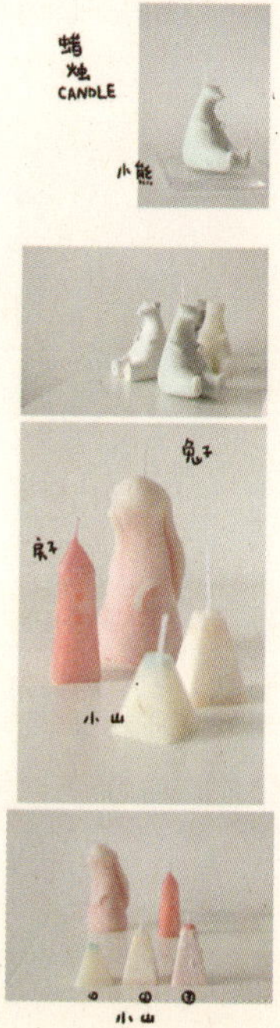

店铺，也偶尔受邀参加一些创意市集。

离职后，参加的第一次市集活动，就是郑州国贸360广场的潮流文化节，虽然之前经常有和公司一起参加，整个对接过程无比顺畅，但以创作主体身份参加，还是头一遭。所以我必须要考虑这场活动的性质和整体的氛围，它得是有质感、有调性的，要么是能为我的作品提高曝光率，要么能够有一定的销售成绩。毕竟，成立工作室之后，我要更多地为我带领的团队考虑。

好在随着郑州的发展，很多不错的活动主办方，也都开始进驻郑州这座城市。今年，已火遍伦敦、纽约等国际城市的活动平台——好吃的音乐节“伍德吃托克”这股创意市集的风潮也刮到了郑州，这可是我们空空体力工作室的产品亮相的好时机。毕竟伍德吃托克倡导的是城市玩乐精神与新鲜生活方式。虽然是以美食和音乐为主的狂欢盛宴，但市集部分的融入，会让它更多元，更有气氛。

这次的市集，我主要售卖自己设计的插画手机壳。好像大部分热闹的活动都是在天气炎热的时候举办，可能天气越热，活动越热烈，观众就会越有热情吧。

一大早，我和我工作室的小伙伴就到了市集现场，在一片高低不平的草地上布置好了摊位后，交代小伙伴好好看摊，我就出去溜达了。

主办方很贴心，设置了大喷雾用来降温，现场才显得没有那么令人焦躁。不过郑州的活动，销售气氛不是很浓，现场好物市集大概有30多家摊位，有一小部分是从其他城市来的，大多数都来自郑州本地。我在现场遇到了很多好久不见的朋友，所以在郑州参加市集，总有种像和朋友聚会的感觉。

问了一圈儿，大家的销售情况都不算很好，干脆几个人去买了啤酒，坐下来看现场的乐队表演，聊起了天。几个插画师在一起，聊得都很单纯，无外乎是大家最近都画了什么新作品，创作有没有遇到瓶颈之类的，但玩得很尽兴，因为我们每次都会找个主题，同题异构一起来画张画。

这次的主题是“城市之外的乌托邦”，意料之外的是，大家基本都没有发挥想象，而是看

吾空空/空空体力工作室
空空体力
工作室

见什么画什么。也对，我们都生活在一个整日忙碌奔波的城市里，时间是从太阳的升起开始，到屋里的灯熄灭为止。我们很多的热情，都在这座城市未被察觉的嘈杂和冷漠里淹没。这种既有音乐，又有啤酒，还有很多好物和好友的地方，大概就是我们的乌托邦了。

夜幕降临，华灯初上，周围来散步的人越来越多，市集也随着人群涌入被推上高潮。有人说，最直接地感受物的美，人与人真实的感知和交流的鲜活，正是这个时代缺失的、流逝的。

市集就像一个魔盒，在这里，摊主们售卖的不仅仅是原创手工产品，也售卖自己的思想和生活方式。而对于市民来说，市集就是生活，眼含新奇的目光，打量生活之美。

questions and answers

Q：参加过的市集里，排名前三的是哪些？

A：第一名是“简单生活节”，是和之前的公司一起参加的，品牌多、完整、用心、氛围好；第二名是“北京国际设计周”，很国际化，很多元；第三名是“鲸字号造作集市”，小而美，主题性强。

Q：当时为什么辞职做独立品牌？

A：在一个环境待久了，创作热情日渐平淡下去，所以离职，想要有新的开始。我是一个不太会有压力的人，比较乐观，总觉得该来的始终都会发生的。目前工作室有3个小伙伴，每天都过得很充实、很自由，也很有希望。

Q：如果邀请你来主办一场创意市集，那么你会给它怎样的设计？

A：其实我一直想做一场生活市集，就是把大家日常生活中最普通的事物，吃的、用的、穿的拿来做改造，让看似很日常的事情和物件，变得更有意思更有价值。不希望只是把产品摆出来单纯地让大家去看去买，希望是可以参与和改变的。如果做这个活动的话，想要在上海举办。之所以能在上海待5年，也是觉得这座城市足够包容。

没有什么问题是一拍脑门儿不能解决的

04#

夏慰 / 市集主办者

Weibo / 又是夏慰WillShaw

“有眼市集”诞生于2013年一次朋友间的聊天。

那时，我还在做自己的摄影工作室，一天，一个刚从伦敦艺术大学中央圣马丁学院服装专业毕业的设计师朋友来我工作室参观，问我在宁波有没有可以把她设计的产品做展示售卖的market。我看了她的作品，在国内，尤其在当时，算是非常先锋时髦的。但要把她的设计作品推向市场让大众能够接受的话，一时间确实找不到合适的平台。

这个问题深深地萦绕在我的脑海里，随后萌生出了很多想法，最后一拍脑门儿，干脆就在我工作室所在的创意园举办一个创意市集得了。

于是我和朋友开始张罗开来，邀请了30位来自身边和周边城市的设计师朋友参与进来。他们有的是珠宝设计师，有的是服装设计师，还有做陶艺的，做皮具的，木匠手艺人等。起初抱着“买卖不成仁义在”的心理想着，就算热闹不起来，权当是给大家伙一个交流展示的机会好了，却没成想，在开集的那天，小小的创意园慕名而来塞下了好几千人，这完全出乎我的意料，当场就一拍脑门儿决定，以后每个月都来办一场。

其实最开始，这个项目完全是公益性的，没有想过要去盈利，但做到第三个月的时候，我发现从筹划到执行，要承办一场完整的市集，真的是特别消耗精力，甚至耽误了我的主业。那段时间我是非常苦恼的，但又不肯轻易放弃做这个项目，毕竟难得发现这么一个非常有趣的事情。

思前想后了好久，最后一拍脑门儿，干脆不做摄影了，专心做好市集。

因为非常受欢迎，我们做了几次市集之后就聚集了不少粉丝和设计师，我们的一位珠宝设计师摊主刚好是某家shopping mall的企划。后来，她盛情邀请我们去他们的mall做活动。渐渐地，我们这个项目开启了自己的商业模式，从一个公益性的平台项目转型成为一个成熟的商业文创项目。

而现在，这个市集已经成长为目前浙江省最具影响力的艺术现场、设计市集了，我们的大门为所有的独立设计师、青年艺术家、新锐手作人、艺术爱好者以及热爱美物的人儿敞开，为他们提供一个开放多元的展示交流创作平台，一个交流经验、沟通灵感、感受设计与艺术的美学体验中心。顺便帮助解决一些独立设计师的就业问题，扶持一些有发展前途的青年艺术家，也为艺术爱好者们提供一个周末聚会交流的圣地。

归根到底，我们还是不能忘记创办“有眼市集”的初衷，以及我们所承担的社会责任。

可能和我自己的艺术背景有关，我非常喜欢加入一些有趣的想法在市集中去，所以我们跟其他那些单纯售卖产品、练摊儿的创意市集可能会略有不同。我们分成四个版块，除了设计师、手艺人的售卖市集以外，会融入青年艺术家的展览，会有音乐人、实验戏剧剧团、声光电结合的新媒体现场演出，还会有匠人、手艺人的互动体验。

我们每期会根据不同的场地（美术馆、剧场、天台、shopping mall等）策划一场独特的主题市集，在各式各样有趣的主题和场景中，让游客们有一个沉浸式的体验过程。

今年的8月18日，是有眼市集的四周年。4年有眼，7座城市，47个场地，62场市集，时装周、音乐节、剧场、美术馆、shopping mall、海边、山顶、天台、高尔夫球场、健身房、政府大楼……我们跨过了山河大海，无数个场景见证着一个个设计师、艺术家、手艺人的成长，还捎带着一个个年轻人说走就走的梦想。

questions
and
answers

Q：为什么要叫有眼市集呢？

A： 其实最早是叫“有眼事体创意市集”的，“有眼事体”是江浙一带的俚语，“有些事儿”的意思，非常的local，后来因为被粉丝们亲切地称呼为“有眼”，习惯了之后，就改叫有眼市集了。

Q：办了这么多场市集，你觉得创意市集的发展前景还很大吗？

A： 当然，国内现在市集铺天盖地地出现，说明这个市场发展前景还是很大的。对于我们品牌来说，市集只是我们的流量入口，我们未来会开发自己的产品，做成pop-upstore等实体集成店形式。

Q：市集还可以解救单身汪？

A： 慢慢逛，用心淘，市集不仅能淘到产品还有可能让单身汪淘到“人”哦。

你好嘻哈

“嘻哈”给你留下了怎样的印象？

是不是一群表情酷酷的年轻人，穿着宽松而昂贵的衣服、包着名牌头巾、脚踏经典款球鞋，一脸“爱谁谁”地在光滑的地面上，摩擦。

这种印象有点太陈旧。在现今国内大中城市，嘻哈文化可以说是无处不在。可他们很少再把垮裤头巾滑板鞋当成标配。玩嘻哈，明明可以粉嫩可爱、穿着干练，还可以把自己完全抽离艺术，让艺术自己来表达艺术。

街头给表现欲爆棚的年轻人提供了一个野生舞台，野生舞台吸引了各种来意的野生青少年。他们有的来这里找价值，有的把这里当秀场，有的纯粹玩票，但共同的目的，是为了追寻自由与力量。

抛开炫酷造型和艺术表达，街头文化衍生出了它崭新的意义和精神——克服困难、坚持理想、勇敢生活。

Good Life

人啊、艺术啊、城市啊，全都转瞬即逝

01#

ROBBBB / 城市艺术家
Weibo / _ROBBBB_

顾名思义，街头艺术是一种在城市空间中创作产生的艺术形式。

每个街头艺术家都有自己的语言，传统涂鸦更多注重的是字体的设计感以及色彩的视觉冲击力，他们喷绘的内容更多的是他们自己的名字（Tag），目的是彰显一种存在感。而我现在在做的这种街头艺术呢，虽然跟涂鸦有很大区别，但其实也是从其发展过来的。

我的作品内容大多是一些人物形象。我曾在中央戏剧学院学习舞台美术，研究戏剧。话剧是戏剧中的一个重要组成部分，它更多关注的就是人本身，尤其是普通人。

在中戏上学的时候，我多多少少养成了一种习惯，就是观察人，观察有意思的

人。而我的学校坐落在胡同里，一出门就能看到这些人，感觉特别亲切。我一直对贴近大众的事物更感兴趣，因为我觉得这才是我们真实的生活环境。

所以我的很多作品系列也一直围绕着社会现实去探讨。既然我是社会成员之一，那就好好聊聊社会。

通过这些系列作品来反映最普通社会群体的真实生活状态，也试图提出问题、把问题抛出来，然后唤起人们对生存周遭的思考，是我创作这些系列的初衷。

作品素材都是取自于我的人物摄影，可能是在街上随手抓拍或者是根据需要找特定的模特，这些素材会经过电脑处理，

印刷出来，然后我再进行进一步的绘制，完成之后再去寻找理想的环境，把作品张贴在墙上，最后再以影像的方式呈现出来。

我通常会选择城市废墟一类的地方张贴作品，因为废墟本身就不是一个最终的状态，它是城市发展的一个节点。之前的老楼拆除掉了，然后又建立起新楼，废墟其实是一种中间状态，有一种“转瞬即逝”的感觉在里面。我觉得，我的艺术其实也有这样一种“转瞬即逝”的属性，所以它跟废墟有一种暗合的关系。为了找到合适的创作地点，我经常徘徊于城市中那些无人问津的边缘地带，像个探险家。

街头艺术是一门关于占领的艺术，占领更多的空间，占领更多的城市，在与环境的相互作用中，丰富了今天的城市文化。

每次遭受挫折，都变成一个胖子

02#

郭环泽 /“CLSMOOTH CREW”
球员、Rapper
Weibo / THE1201

Freestyle，就是扔掉各种烦琐的规则，在大街小巷跟着Hip-Hop的节奏，自由的风格，自由的模式，一起自由地打篮球。

篮球是最早带给我自信的运动。那时候我还是个小胖子，因超重导致缺乏自信，不愿跟同学们一起玩。后来，通过视频接触到花式篮球，开始一个人模仿着里面的动作走上了篮球之路。

那时候我还在念初中，每天放学后就直奔篮球场。运球、控球、投篮、脚步移动、跳跃，为了让动作做得更专业，我每样都下苦功。并在之后两三年的时间里陆续拿到很多比赛冠军，还成为了“CL SMOOTH CREW”花式篮球的成员，跟一帮志同道合的朋友们一起打球。

有些人不喜欢花式篮球，觉得华而不实。其实街球不同于职业篮球，一个街球手很可能永远打不了职业篮球，但是他们对篮球的热爱是毋庸置疑的。而且街球也不能只求花哨，还需要在3对3的比赛中得分。

街头篮球不靠运球赢，它依靠身体的节奏感晃得对手头晕。打街头篮球也是为了赢，但并不是为了赢得比赛的胜利，而是赢得观众的赞同和欢呼声，使观众也一起融入到比赛中去，那才是真正的胜利，真正的街头篮球。

后来我在电影学院学习表演的时候开始接触到音乐，尤其是说唱，那是街头篮球最不能少的元素。华丽优美的动作，激情澎湃的篮下对抗，震耳欲聋的大力灌篮，赏心悦目的空中接力，混合着热力四射的Hip-Hop音乐，以及球场边观众们随着音乐节奏扭动的身体，不时为球场上不可思议的进球尖叫着。我每次都会被那种场景深深撼动。

突然间，就想自己写歌了，尤其是想写出一首能把年轻人热爱篮球的那股劲儿表达出来的歌，一首充满了热爱篮球的男孩们的原始激情和不服输的心态、张扬个性、爆发力的歌。

3年时间里，我闷头写了十几首，但没有一首是自己满意的。就连录音棚的录音师都建议我回家再去练练。瞬间，我又回到了缺乏自信的小胖墩时期。但幸运的是，我还有篮球，当我一次次在球场练习花式篮球，和队友们一起感受身体对抗带来的激情时，我的灵感也随之而来。

我开始陆续在网易云音乐和虾米音乐上发自己的歌（地址：THE1201），去年还有幸得到为FIBA3×3大师赛创作主题曲的机会，在中国区预选赛北京站比赛间隙，我创作的名为《FIBA》的主题歌不断地在赛场单曲循环着。看到有的球迷和参加比赛的球员开始跟着我的歌躁起来，就跟我自己在球场上拼杀一样痛快。

人生就像滑板，你得放胆去踩

03#

汤雅涵 / 女滑手
Weibo / sk8瓜西西西西

第一次被滑板吸引，是路过一个广场。像是一个被拉长的镜头，广场上的几个青年站在滑板上，身姿和滑板融为一体，在夕阳下划出略带魔幻感的剪影。

后来有一个女生朋友约我出去玩，赴约的时候她拿了一块滑板。看着她玩，我自己也想试试，这一试，便一发不可收拾。那种空间的开阔和滑翔的自由感使我第一次深深地感受到了滑板的快乐。

虽然第一次玩滑板摔了很多跤，但那种控制身体滑行的感觉实在太吸引人了。当天晚上我就用自己的压岁钱去滑板店买了一块和她一模一样的滑板，那是一块BD的绿色整板。

开始玩滑板之后，我体验到了更真实的人生。只有通过一次次的跌倒、一次次的练习才能完成一个动作，付出与回报总是成正比的，我觉得这才是对我来说有意义的生活。

滑板是一项挑战自我极限的运动，完成一个动作后，我会继续研究更高难度的动作，得滑出自己的个人风格。踩着一块滑板在急促、拥挤的大城市里自由穿梭，高楼、马路和人群从身旁迅速划过，这种看似横冲直撞，却在碰撞中才能感受到彼此温度和存在的感觉，着实让人过瘾，没有玩过滑板的人很难懂得这种“瘾”。

滑板就是这样一种略带魔性的运动，

摩擦摩擦，脚下的滑板便会在穿梭的城市中和你的身体合为一体。

而街头文化又是一种对城市的展现，很多街头文化都充斥着对生活的不满和自我渲泄，但我们Skater绝不这样，我们从不会自怨自艾，我们热爱生活，用自己的方式来适应环境。

可能因为我总是穿梭在人来人往、密集急促的城市之中，所以比大多数的人更了解身处的城市。每一个地方，每一个角落，都有我滑过的痕迹，都成为我展现滑板艺术、展示自己的小天地。滑板不单是一种运动，还是一种城市的文化。

大部分的滑板青年都有些固执和坚持，但我认为，对一个滑手来说，无论自己的水平高低，风格好坏，只要自己玩得开心就好，滑板玩的就是心情。没有什么特别的原因让我坚持滑板，喜欢我就滑，可能有一天我不喜欢了，那也就不滑了。滑板于我更像是做了一场梦，但在这场梦里，我会很专注，会很用力。

赶在生命尽头前，找到更完整的自己

04#

小生 / 街舞导师
Weibo / ADI小生

街舞是一种很神奇的语言，不需要说话，就可以精准表达。音乐响起，慢慢找到属于自己的节奏感，用身体与音乐进行交流，这便是街舞带来的享受。

高中时，我加入街舞队，那时对街舞的了解仅仅来自于国外的综艺节目，跳舞只是为了能像明星那样帅。可这一脚踏进门去，门里竟是一番我从来没见识过的天地。

后来自己在校外找到街舞体验班来学习，和一些志同道合的朋友去练习。在一招一式中，我的热情慢慢被点燃，肢体动作在镜子面前也逐渐变得流畅起来，那是一种志趣相投的快感。

学舞三年后，我终于通过比赛考核进入了舞队。为了把更多的时间专注在自己

WINNER
FUSION CONCEPT
CHINA PRESELECTION
CHAMPION
Fusion Concept
China Preselection

更喜欢的事情上面，大学的时候，我做了一个任性又冒险的决定——退学跳舞，我认为只有通过不同的比赛，以及与不同的舞者交流才能让自己进步得更快，对跳街舞的人来讲，比赛成绩就相当于学历。

退学后，我开始辗转于不同的城市参加比赛，一跳就是七八年，大大小小拿了很多奖，也从当初纯粹为了耍帅到现在慢慢把街舞当成生活的一个部分。唯一没有改变的，是当初的执着和热情。

虽然街舞看起来很拉风，但训练特别苦，尤其是高难度的动作，腰膝很容易受伤劳损，没有相当强的毅力，一般人很难长时间坚持下来。

跳街舞其实是一件很正能量的事情，一个人练舞很孤独，当身边有跟自己水平差不多的同伴时，彼此之间就会有一种良性竞争的心理，你追我赶之下，进步就会越来越快。很多比赛是团队性质的，更需要大家默契的配合，每一个动作都要去思考、揣摩和修饰。

我很庆幸自己坚持了下来，并在这个圈子结交到很多志趣相投的朋友，也从最开始的懵懂少年蜕变成了一位街舞导师，教小朋友跳街舞，带他们参加街舞比赛。

街舞有自己的Hip-Hop文化，有自己的传统故事、自己的精神和所要传承的东西。做街舞导师，教的不仅是一个个舞蹈动作，更是一种团结、坚持和无所畏惧的精神。

街舞是舞台上的聚光灯，是舞台下的尖叫和无数人的赞美，更是残酷人生中的英雄梦想。我还想继续去到每一个远方参加比赛，赶在生命尽头前，带回一个更完整的自己。

斜杠青年

影视剧里最高调的斜杠青年是谁？应该是《权力的游戏》里的“龙妈”。

一个关于龙妈的段子是这样的：一天，龙妈在大草原上迷路了，正当又饥又渴之际，终于看到了一间民房。龙妈上前敲门：有人吗？我迷路了，想借宿一晚。屋内有人问道：门外的是谁啊？龙妈答：弥林女王，安达尔人、洛伊拿人和先民的女王，大草原的卡丽熙，解放者，七大王国的统治者，多斯拉克草海的主人，阿斯塔波的统治者，打碎镣铐之人，龙之母，不焚者，风暴降生丹妮莉丝。

屋内说：不行！我家太小了，住不下这么多人！

“/”，它存在于电脑键盘右下角处，一个不算起眼的角落，却在现代生活中，被人们赋予了新的意义，即拥有多重职业、身份的人的代名词——斜杠青年（slash）。多重职业并不是最新出现的产物，从人类社会产生分工开始就有它们的存在。只是进入到现代社会（信息技术时代），因为互联网革命，人们逐渐打破了时间、空间的限制，工作不再需要固定的时间和空间场所，人们也不需要一定变成工作岗位上的螺丝钉，这才大规模地开始选择一种能够拥有多重职业和多重身份的多元生活。

对于一个“斜杠青年”来说，每一个“斜杠”都是通过自身努力突破行业界限的勋章。每一种工作内容，都满足自己对该领域的兴趣爱好，而所有工作的组合，则指向自己的最终职业理想：自主的、多元的、有趣的，同时又能经济独立的生活。

Good Life

有时候问题就在于想太多

01#

星泽宇 / 企业架构师、策展人、演讲者、品牌顾问、创业导师
Weibo / 来自星星的喵二v

有一天我去银行办理业务，填了一大堆表格，当填到职业这一栏时，我犹豫了一下，身份太多了，不知道填哪一个比较合适，干脆写了个“自由职业”。一切妥当，按过手印后，帮我办手续的理财经理凑过来对我说，我帮你把职业这一栏改成“个体”吧，这样更符合常规一些。

仔细一想，如果真要给自己一个社会定位，那应该算是一个名副其实的“斜杠青年”了吧。

一开始，我从餐饮服务的店员开始做起，到后来做品牌管理、自媒体运营……去年年初，辞去了公司的工作。现在，我的一天可能是这样的：早上10点来钟起床，先跑到一家公司，把这一周的所有工

作交接好，中午简单吃个饭，然后坐地铁到大学城，去给那边的学生上一堂职业规划，接着约几个客户聊一下，再回家坐在电脑前写写文章，考虑下周要做哪些事。有时候，还会策划一些活动，因为我还兼任一个青年兴趣自发活动平台（someet）在广州地区的负责人。就是想一些好玩的点子，再邀约一群志同道合的年轻人过来一起玩。99张一块钱撕票、纸袋人聊天、请路人贴标签……我们在街头开展各种脑洞大开又有趣的活动，年轻人嘛，就需要多聚在一起交流、玩耍。

虽然交叉在身上的项目太多，几乎要靠着日程表过日子，以确认自己没有撞档期。但我向来是一个很不服管的人，不愿意被那种朝九晚六的规则固定住，而且我在很早的时候就意识到，自己是不会安分的。

8年前，14岁的我总是会躺在房间地板上望着屋顶，想一些乱七八糟的问题。

“假如人生是一本书，我的人生该是什么样的内容？”

“我们为什么要在一个规则下生活？”

“我的存在是为了证明世界的规则是正确的吗？”

……

想得多了，我开始重视一个很严肃认真的问题，“我们到底是在谁制定的规则体系下，又在过着谁的人生？”这个问题对我来说非常重要，虽然当时的我也不知道自己真正想要的是什么，但我很清楚，我不想要什么。

经过了一番思考之后，一向乖巧听话又有些内向胆怯的我做出了一个惊人决定——从学校辍学。于是，揣着一张临时身份证、一本护照、一张新加坡的旅行签证和几千元人民币，我一个人离开了家乡，去开启自己的筑梦之旅。当时，我正读初二。

用年少时期的天真幼稚来对抗这个世界，确实有些鸡蛋碰石头。异国的漂泊之旅远没有想象中的那么顺畅，各种困难接踵而至，最糟糕的时候住桥洞过夜，捡过期的食物果腹；最绝望的那天，我去到新加坡的东海岸，从一块礁石上跳了下去……

好在我及时游了回来，虽然还是要面对糟糕的境况，就权当攒经验好了。

在我的世界里，“商业”是基于我的生存需要所选择的职业方向，而剩余的生活时间，我更愿意将精力放在各种有趣的事情

上。工作角色告知我靠什么来维持自己的生存，而工作外的角色会让我和他人更加清楚我是谁，在过着怎样不同的人生。

一条条的斜杠将我的人生划分出了多种可能，沉浸于这场人生游戏二十余载，我最大的乐趣就是在不断地做出忠于内心的选择与尝试，在众多的冒险与挑战中塑造了一个拥有更多可能性的自己。

questions and answers

Q：为什么14岁就决定辍学不读书了？

A：我们周围的人都过着复制粘贴般的日子。念书、考大学，考不上就是没出息，四年大学生活浑浑噩噩过完之后，你可能要找一份稳定的工作，有一个男朋友/女朋友，运气不好的话你还要被逼去相亲，然后成家，考虑房贷、考虑车贷、考虑孩子、考虑奶粉钱……这样的生活对于我来说太可怕了。

Q：跳海是种什么样的感受？

A：就是不想活了。但就在我跳下去的那一瞬间，短短的几秒钟，我的大脑把我过去所有的画面回放了一遍，所有都指向一个答案——我其实并没有那么想死，我还有好多事情没有去做。我不会游泳，但是那个时候身体不自主地在求生，我拼了命扑腾着游了回来，抱住一块礁石。天开始有点蒙蒙亮了，我放声痛哭。哭完我告诉自己，你既然死不了，就得好好活下去。

Q：接下来希望在自己的标签上增添一道什么斜杠？

A：我一向不是太满足于一个小目标，下一步我希望自己能是个出了书的作家，是个私厨的老板，学会调酒和咖啡，体验潜水与跳伞。不管下一个斜杠后面会是什么身份，这角色一定是我自己选择且喜爱的。

下飞机后 我穿上另一件自己

02#

倪逸珺 / 南方航空公司空乘、时尚博主、自媒体平台签约撰稿人
Weibo / 倪逸珺

我的本职工作决定着我需要经常穿梭在世界各地，可以去到很多不同的地方是没错，但其实空乘这个工作，并没有外界想象的那样潇洒，密集的飞行和倒时差的痛苦也不是常人能理解的，有时候我会分辨不清楚什么是生活什么是工作，然后迷惘、失落、痛苦、忧郁……这些看似不够明媚的代名词就在悄然无声中向我席卷而来。如果不是当初的那份初心和热爱，应该也很难坚持得下来。

从小就梦想着长大后能穿着好看的制服，拖着箱子，在蓝天白云中岁月如歌。所以，在很多女生还穿着校服，并不是很懂穿衣打扮的年纪，我就明确了自己的发展路径，参加了世界小姐的比赛，幸运地

获得了当年世界小姐“中国十佳”、江苏赛区“亚军”。

比赛结束后，有很多唱片公司和广告公司来找我签约，但“空姐梦”仍旧固执地撩拨着我年少的心，所以断然婉拒了那些公司的邀约，接着参加了南航首届空姐新人秀，最终顺利签约南航，成为了乘务员。那种实现梦想的喜悦真是让我自豪并满足了好几年。

可随着时间的推移，工作日渐上手后，我才发现空乘这个职业的交际圈特别单一，和陌生人的交流大多仅限于“你好、再见”，时间久了难免觉得枯燥乏味。虽然一路走来也结识过很多人，去过许多国家，却依旧感受得到内心的孤寂，好在我有自己的小绝招来及时排遣那些消极的情绪——业余兼职。

从参加选美比赛开始，我的人生就和时尚圈挂上了钩，虽然主职是空乘，但也一直都没有太远离时尚的圈子。忙碌的飞行之余，我开始兼职做模特，并在社交网

络上Po一些穿衣打扮、护肤保养方面的心得和大家分享。慢慢地，累积了越来越多的粉丝，变成了一个时尚博主。

很多人印象中的时尚达人总是衣着光鲜，脚踩恨天高还能风风火火地出入各种发布会和秀场，和各种名媛、设计师打交道，而空乘却是另一种截然不同的感觉，亲切温婉、严谨克制。其实，这两个看似差别甚大的职业，恰似挂在我生活天平两端的砝码，少了任何一个，生活都会失去平衡。

我参加各种活动，和形形色色的人进行互动交流，听别人的分享，也讲自己的故事，每次参加完活动，我对生活的理解和感悟就更深刻一点，特别是一些新品的发布会，让自己的信息库随时保持update的状态，就像是给自己打了鸡血，又可以能量满满地进行下一次飞行了。

最近我在参加的一个时尚活动中结识

了一个副业为摄影师主业却是医生的“斜杠青年”，真的不得不感慨现在这个群体的人是越来越庞大，“斜杠”已经变成一种生活方式，慢慢浸透到了我们的生活当中，而每一个“斜杠青年”都似乎总是有着用不完的能量，他们把每天的工作都当成学习的过程，对未来也有着清晰的规划，仿佛要把生活所有的可能都演绎得彻底。

所以你看，一个人完全可以分裂成几个身份，而那些看似毫无相干的身份，也并不会让你的生活产生割裂和矛盾，它们相互支撑着彼此，塑造出一个意想不到的你。人生就像旅行，我们总在拼命寻找着自己缺失的部分，那么，当你有机会完善自己时，为什么不勇敢抓住呢？

questions
and
answers

Q：作为一名身兼数职的斜杠青年，到底是如何做到主职副职双兼顾的呢？

A：我自认为是一名时间挤压的高手，擅长利用一切时间缝隙去完成各项工作，却也乐此不疲，只能说，痛并快乐着吧！毕竟遇到自己喜欢的事不容易，理想和现实谁说不能肩并肩呢？

Q：当初怎么会想到当时尚博主？

A：最初的目的很单纯，就是想把一切美好的事物分享给大家，分享本身也是一种乐趣，在这个过程中既体验到了幸福感，也渐渐地完善和塑造了自己，何乐而不为？

Q：接下来希望在自己的标签上增添一道什么斜杠？

A：馄饨店老板。作为南方人，我对各式馄饨来者不拒，每飞到一个地方，就要品尝当地的特色馄饨，我想把各个地方有特色的食物都带回来，开个美食方面的店，真正创造一些东西和大家分享。

北京的街道很宽阔，但比不上我的生活

03#

崔书馨 / 市场公关、作家、独立音乐人、平面模特
Weibo / Shuxincui崔书馨

毕业，离开学校，每天早上梳妆打扮穿戴整齐，试图在地铁拥挤的人流中站稳脚跟，像同学们一样，找到一份外人看来相对体面的工作。然而现实情况是，在面试了30家公司之后，没有拿到满意offer的我，灰头土脸地回到家，毕业即失业成为了现实。

于是，我开始熬在家里没日没夜地写小说，扪心自问，这或许是一种从抑郁到逃避的心情。陆续写了一年，微薄的稿费终于花完，压力也越来越大。打着散心的幌子遛回了大学校园，邂逅了大学的老师，他说他还记得我，每次电影课我都坐在第一排。

聊到近况时略显尴尬，好在老师安慰我说：“毕业生的工作都不好找，但是我对你有信心，工作慢慢找，同时也坚持思考就好。坚持写作，满意的作品给老师看看。”这让我疲惫了好久的心终于得到了一点安慰。

事实证明，坚持付出确实是可以在未来得到反馈的。某天，我收到一封来自某出版社编辑的豆邮，她问我“我是××书局的××，看到了你的连载，加下qq？”就这样，我出版了我的第一本书。上市之后，我翻看着书中插画主人公无奈而哀伤的眼神，真像是一面镜子，活脱脱地照出了我当年迷茫又狼狈的样子。我把样书寄给了老师，他说：“我知道你有这样一天，能实现些自己想做的事情。”

接着，我在金九银十的季节里进入了市场咨询公司，周末不用加班的时候，我就和同事去看些演出，认识了后来给我作曲的小宇。他告诉我，他在研究气功吉他。在我眼中，他除了穿衣风格比较匪夷所思（大部分时间像电工、有时像汽车工人、有时又像气功爱好者）之外，实在没

有其他特别的。当我把几十首歌词给他之后，他说试着写写，结果突然有一天他就对我说，歌写得差不多了，要不周末带你拍专辑封面吧。

他借了一个快没电的单反，我提前去服装批发市场买了衣服，就这样，在人民大学校园青青的草坪上，我不施粉黛地拍了第一支单曲的封面。

后来，小宇成了豆瓣的独立音乐人，随便发一篇文章就有上百条评论。他开始帮忙在豆瓣上推我的单曲。那首叫《满是回忆》的歌成了2012年的网络红歌。到现在他还和我划清界线打趣着说：“你是流行音乐人，不是独立音乐人。”

日子开始顺风顺水起来，有一天，韩寒监制的“ONE·一个”的编辑联系到我，她说：“要不要给我们投稿呀？”我说：“好。”于是便又开始在“ONE·一个”上创作惊悚小说，百万的阅读量让我每天都收到很多读者的微博私信，这是我从未预料过的美好。

某个冬天，一个时尚杂志编辑约我拍摄情感专题大片，还是和小时候的女神瞿颖一起。若干小时的拍摄过后，疲惫又兴奋的大家亲密告别，我一个人站在北京宽阔的街道上，当时已经是凌晨两点，昏黄的路灯把我的身影拉得好长好长，我追踪

着记忆的轨迹听见马路上疯狂的摩托车呼啸作响，仿佛走进了一去不复返、迷茫又抑郁的大学时代。但此刻，心中却感觉无比轻盈，想感谢一段段笃定又不确定的时光和那些独自感受的悲喜。

很多人问我，你最想做的是什么？我常常语塞，现在早已不是那个靠一个手艺吃遍天下的时代。“此生只应该专注做一件事情”，这种想法在我眼里早就过时了。现在我们需要的是快速学习适应的能力，和用大量的工作来充实自己。周末拍品牌广告保持媒体曝光，坚持写小说沉淀人生；在“在行”上见学员，尽力为大家答疑解惑；跨界如我，从未感觉疲惫，迎来的是更有趣的机会。

questions and answers

Q：作为一个斜杠青年，同时需要完成很多件事情是什么体验？

A：就跟打游戏通关一样，每完成一个目标就拿下一个“斜杠”勋章，很快就集满了一大堆，满足、痛快。

Q：有些人一份工作已经忙cry，你觉得你的时间够用吗？

A：我用了三年时间试验成为了一名斜杠青年，只要充分利用时间，其实是够用的。只要你保持做自己喜欢的事情，那么工作也是一种娱乐。

Q：接下来希望在自己的标签上增添一道什么斜杠？

A：期待在不久的将来，参与一部影视剧的编剧工作，或者是MV导演。

请尊重一个年轻人的反抗

04#

云蕾 / 专栏作者、
深圳义工、自媒体人
Weibo / 云蕾Yunbaby

昨晚的深圳雨后天晴，有了金光万丈的黄昏。我站在阳台上，望着放晴的天空，闻到了洗衣粉的味道，未干的衣服还在“嘀嗒嘀嗒”地滴水，花盆里的小苗也刚破土而出，一切正好。

这是我到深圳的第二年，大学毕业后就只身来到这个城市闯荡，如今，用了两年的时间，我慢慢脱胎换骨变成了自己期待的模样。

大学的时候学习机械专业，但其实我并不擅长这个专业。毕业之后，也没有踏入这个行业，而是阴差阳错进入了互联网公司。有人说，世界上最幸福的事莫非两件：婚姻与爱情结合，事业与爱好结合。我想再补充一句，爱好要与赚钱相结合。

我感到很幸运，大学读了不喜欢的专业却能在毕业后跨界找到自己喜欢的工作。在互联网公司，线上，我负责写稿、约稿，写文章的收入其实很少，一般我写的都是自序、情感类文章，公众号打赏也就一天几十块左右，后来摸到门路，发现鸡汤+干货的搭配在晚上最容易引起读者共鸣，阅读量才渐渐稍有起色；线下，我还要负责组织很多分享会，线下的活动会给我和同行人面对面交流的机会，加入各种类型的社会组织，拓展渠道，收集素材。

但是，一个刚毕业的大学生在深圳这样的一线城市生活，经常是入不敷出的。以前呢，总觉得谈钱是一件很俗的事情，喜欢把做任何事的出发点都归结于开心就好，但是就在我深夜码完了第二天的工作，安心关上电脑那一刻，才觉得，要不是为了那养活自己的微薄工资，我才不会这么拼。

我承认钱是重要的了，也不敢再说它俗气，毕竟，它是我坚持为梦想付出的一个巨大动力。

要知道，当下这个社会，陪跑、按摩、画画、修电脑、会做饭，都是可以赚钱的。只有你想不到的，没有你不能赚的。我自然是不满足单一职业和身份的束缚，毅然选择了一种能够拥有多重职业和多重身份的多元生活。从此，我就成了别人口中的“斜杠青年”，白天是上班族，晚上是知识服务工作者，周末变身为自媒体创业人，每天忙得不亦乐乎，腰包也日渐丰腴。

当然也会有被各种烦琐的工作压得喘不过气来的时候，我就选择“逃离”一段时间，去心仪的地方做义工。去年七月，去西藏待了近一个月，我在豆瓣上联系好了酒吧，聊过以后确定下来，背着吉他就过去了。

我管店主叫“师父”，之所以叫师父，因为他是个民谣歌手，弹得一手好吉他，我让他教我。那段时间很开心，在酒吧里，每天练练琴、打打鼓、招待招待客人，有时和师父他们一起吃饭、喝酒、聊天，若是师父来了兴致，还会时不时举办一场小型民谣音乐会。

虽然走的时候我的吉他还是没怎么学会，但交到了很多来自天南海北的朋友，听他们讲了很多有趣的故事。这是我喜欢义工旅行的原因，能在很长的时间里去慢慢品味和感受一个城市，在这里和一些人不期而遇，比起自己出去走马观花看一遍，那种感觉是完全不一样的。

生活有很多种状态，“斜杠”的好处

就是能随时切换自己的身份，选择不同的生活方式。作为上班族和创业者，我的生活节奏很快，一切行动以赚钱为目的。但当我背上行囊，做义工和背包客的时候，我的日子就过得特别慢，赚不赚钱也没那么重要了。

但要作为一个斜杠青年，首先还是要有核心的单杠技能，然后在这个单杠技能上横向跨半步，拓展多个渠道。模仿，模仿，再模仿；练习，练习，再练习，去尝试更多的可能性，扮演不同的角色，多花时间努力，少点工夫矫情。这才是一个年轻人对枯燥乏味生活最精彩的反抗。

questions
and
answers

Q：大学学的机械，毕业却做了文字工作，会不会觉得白上了一个大学？

A： 这个问题，经常会被人问到。其实在真实的工作环境中，这种现象是见怪不怪的。上大学的目的也不全是为了工作，在大学能学到的不只是专业知识，还有人际相处，眼界开拓，对事物的思考能力，如果你只盯着专业知识学，而忽略了后面那些，那么我觉得你需要在社会工作中打磨打磨了。如果你是个有心的人，你完全可以充分利用这4年时间积累自己的资源。现在想起我的大学所学，心中只有两个字：爱过。

Q：义工旅行靠谱吗，会不会被变成廉价劳动力？

A： 只要找对组织，肯定是可信的。单纯地以靠不靠谱、值不值得、应不应该这些理性的词汇去评价旅行义工，可能你们还没真的年轻过，有些事情一定要自己经历过才能明白个中缘由。

Q：接下来希望给自己增添一道什么样的斜杠？

A： 我的人生其实变数挺大，至少让很多人看起来会觉得危险，因为我要去做一名背包客。

有肌人生

打开外卖APP，方圆3公里内新开了3家健身餐厅，食材以海鲜、鸡肉以及各色瓜果蔬菜为主，售价20元至50元不等。社交平台上的美食账号，也纷纷推出“健身餐”视频。除此之外，被日益刷屏的还有种种运动视频，某些平台开始提供健身视频点播服务，你可以自行挑选感兴趣的课程付费播放，足不出户就能锻炼身体。

在漫长的人类进化道路上，肌肉被赋予了美学价值。有价值的地方，就有钞票，也会吸引来大波热闹的人群。比如那些在朋友圈里晒微信步数的人，他们用数据来展现自己一天的成就。晒的人多了，运动这回事便演化成了社交行为。健身房社交繁荣的同时，网络健身社交似乎更为便捷、富有激情。你有没有见过那种大晚上不肯睡觉，非要在家里多走几圈，就为了当日步数能超越众人，在朋友圈登顶的奇葩？

运动，这件原本属于私人的小事，逐渐顶替了奢饰品，成为生活品质与态度的体现。如何在当下活出很IN很潮的样子？那或许是：早晨，骑着ofo小黄车出门上学、工作；午餐，点一份健康又轻奢的三文鱼健身沙拉；忙完手头那点杂七杂八的事，佩戴上名牌运动手环，酷酷地走进健身房来一套有氧操，拍下被汗珠沾染的面庞，以及体测器上的数字，发到朋友圈炫耀“体脂率又达到新低”，又或是故作自然地PO一张微信步数登顶的截图。

这样的一天才叫充实嘛。

Good Life

学会控制你自己

01#

Seri / 瑜伽老师
Weibo / seri_wang

100个人里面可能有99个都曾有过周游世界的梦想，但只有一个人真的去了。其他人大多只是想想，未成行的理由林林总总，归结起来无非两点：没钱，或没时间。

钱和时间并非不是问题，但解决的关键在于你的愿望必须足够强大，并为此付诸行动。

那年我还在读大学，在商场偶然遇到也许是那个城市的第一所瑜伽馆。那时我还从没听说过瑜伽是什么，只是好奇进去看看，一个小时练下来，却有种莫名的舒畅感。

每周按时到瑜伽馆报到，时间长了，就想着自己在家练习，又想到瑜伽其实是一项很专业的运动，不适合自学，便索性去考了个瑜伽教师证，终于成了自己的老师。

商業大廈

有一天，瑜伽馆的老板突然给我打电话："老师临时生病来不了，你可不可以帮忙代一节课？"

当时真的是硬着头皮去救场，虽然有点紧张，不过我凭着话剧表演专业的台词功底和平时的练习，还是收到学员不错的反馈。就这样，我成了兼职瑜伽老师。

本科毕业后，我没有急着找一份正式工作，跨专业考上了研究生，读哲学，一边研究《孙子兵法》一边教瑜伽给自己赚生活费。研究生毕业后尝试过几份工作，但我发现最喜欢的还是瑜伽，代的课也越来越多，索性辞了职一心做瑜伽老师。

选择什么样的工作就意味着选择什么样的生活方式。既然都是打工，我宁可为自己的爱好打工！我一直很喜欢这样一段话：不管学什么专业，找什么工作，一定要找个你喜欢的，这样每天早上六点到晚上八点都是高兴的，再找个喜欢的人在一起，这样晚上八点到早晨六点就是开心的，这才是生活。

有的时候，真的不是你没有选择，只是愿望不够强大，或者舍不得。如果我说浴室里也可以练瑜伽，你一定会觉得我是来搞笑的吧。其实瑜伽也讲究“天时地利人和”，合适的时间，更安静、有美感的环境当然效果更好。但很多时候，“天时”和“地利”是人可以创造出来的。有时我在家里练习也会分心，就把手机、门铃都关掉，房间整理得简单一些，这样一来，起码这个小环境就是安静的了。不一定非要在山清水秀的地方，即便在浴室里，也照样能练起来。

瑜伽（Yoga）的意思其实就是“控制”。从学着控制自己的呼吸和肌肉开始，渐渐学会控制自己的心，然后外界对你的影响就会越来越小，越来越能发现和遵从内心真正的自己。

到哪儿都可以做自己喜欢的事，什么时候都可以让自己在专注中得到喜悦，这就是自由了。

questions and answers

Q：是怎么做到看起来特别轻松地完成很难的瑜伽动作的？

A：主要是靠自己心里的状态，如果你一开始做一个动作，就觉得这个动作很难，我要挑战一下。你一定是抱着非常紧张，去战胜它的心态。瑜伽动作不是战胜什么，而是一种自然而然的发生。我觉得大家应该是调整好心态，做得了就做，做不了就不做了。

Q：对于女生来说，你觉得是塑形健身好还是瑜伽好？

A：瑜伽跟塑形是完全不能相比较的。对一个女生来说，塑形也挺好，就是可以让自己外表看上去比较有自信，让自己很开心。但瑜伽更多的是一个心灵上的升华，就比如一个人，即使你可能再胖，但是你有一个非常精美的心灵的话，可能大家并不会因为你的肥胖嫌弃你，还会觉得你心灵美而更容易被大家接受和接纳。

Q：你认为瑜伽的真正意义是什么？

A：真正的意义在于可以让我们心灵和思想得以升华，获得更多的成就感，让我们心思得以平衡。

不断立Flag，不断跑下去

02#

胡老师 / 跑步达人、
马拉松全球跑者
Weibo / FredHu胡老师

2010年大学毕业，只身一人来到北京，每天上班下班两点一线的生活让我觉得枯燥乏味。上班坐在小格子里，下班睡在小格子里，我每天睁开眼睛就想一件事——我要从小格子里跳出来。

选择跑步并非偶然，初中开始参加长跑比赛，大学期间也有断断续续地跑着，但那时并没有形成一种习惯。让我决定重新开始跑步的最简单的理由是，这项运动装备简单、不需要队友、对场地没有严格限制，只要想跑，迈开腿就是了。

跑步带给我最大的影响是在自我管理上，虽然我也迷恋清晨柔软的床，想要躲在暖气充足的房间里，也不想错过喝酒撸串的人间美味，但一想到自己制订的跑步训练计划时，大脑就不自觉地开始做思想斗争。

当然，我也不是圣人，有时惰性是胜利者，有时跑步的渴望战胜一切。就是在这种不断的斗争之中，对自我的管理能力逐渐提高了，战胜惰性的力量变得越来越强大。

2013年9月，我在烟台用两个多小时完成了第一场半程马拉松，两个月后又顺利拿下北京全程马拉松。从第一场“半马”到50公里越野赛，近40场比赛跑下来，从不敢说哪一场是轻而易举完成的。训练也好，比赛也罢，奔跑在路上并不都是一帆风顺。

为了创造新的PB（个人最好成绩），后来我报名了郑开马拉松。赛道大部分是国道，一路顶着炽热的阳光，除了头上一顶遮阳帽，沿途没有任何的遮挡物。跑到33公里时真的是跑崩溃了，当时心里想的根本不是成绩，而是在骂娘。

“我××为什么会报这场比赛！”

“这个鬼天气为什么这么热！”

“脑子瓦特了，在家躺着不好吗！”

于是果断放弃了PB的想法，开始慢慢

溜达，别以为只有我才这样想啊，你问问那些跑百公里、百英里的人们，跑到夜里三四点的时候，在山里集体骂街的场面不要太壮观。

从跑马拉松开始，我就把跑步和旅行结合到了一起。目前已经跑过了6个国家，这种方式为我打开了一扇从不同角度认识世界的大门。

去年我跑进了富士山下著名的自杀森林，原始森林中只有我一个人，连空气中都弥漫着恐怖的味道，气氛越紧张就越想快速奔跑，人越是在紧张的状态下就越是会胡思乱想，要不是因为有导航设备，可能我就迷失在山中客死他乡了。

但我还是在不断地立Flag，在不断地突破挑战中跑了过来。虽然现在全马对我已经不是问题，但总是想着要不断突破自己，要去面对更多的挑战。脚步能到达的地方远比想象的多，一路跑一路看，每一个转角都是独特的风景。遇到的每一个人，是不期而遇也是命中注定。

questions and answers

Q：你跑步的时候会想些什么呢？

A：基本上都是放空的状态，我跑步的时候不喜欢想事情，就是享受运动的感觉，把注意力集中在节奏和呼吸上，运动的时候就要享受运动。

Q：开跑之前会规划好路线还是说出门随便跑，当初为啥会跑到自杀森林里去了？

A：我有自己常规的几条跑步路线，每次出门会有一个大致的距离目标计划，基本上跑习惯的路线不会轻易改变。跑进自杀森林并不是偶然，因为自杀森林是一片很大的区域，中间穿插着用于徒步的自然步道、观光景点、机动车道，而日本人选择自杀的地点也只是会在森林深处。出发前我有做详细的路线规划，进入自杀森林深处也是因为查到的资料中显示是有路通行的，只是在真正到访时有些偏差，劝诫各位读者遇到我这种情况时要冷静抉择。

Q：给我们的读者一个跑马拉松时实用的小tip吧。

A：真正跑马拉松之前需要有长期科学、系统的训练，不可以轻易地尝试。而当你真正地站上赛道，由于长距离长时间的机械运动，你身体的多个部位可能会感到不适，这时马拉松能教会你成功不仅仅只是坚持，更难的是适时地放弃。

你打算怎样使用53分钟

03#

米小仓 / 时尚达人、环球旅行摄影师、私人挑款师
Weibo / 米小仓仓仓

真正开始健身是在学生时代。

大二时作为交换生去台湾求学，学校有供学生免费使用的健身房，当时是抱着减肥的目的，开始了锻炼。谁知这一练，运动就成了我生活的一部分。同时锻炼的“副作用”——马甲线也跟着显露出来了。

身体会给你回应，会告诉你应该做什么。锻炼久了就不再特别在意体重，而是更享受通过运动达到的更好的生活状态。

比如当别人在喝下午茶、追剧的时候，我正忙着在健身房挥汗如雨。看似放弃了一些选择，但实际却获得了比别人更多的对生活的掌控。我无法想象如果自己没有开始健身的另一种生活，因为我相信自己或早或晚都会与健身相遇，毕竟“身材是女人一生的事业”嘛。

当然我“一生的事业”可不止这一项。学的是广播电视新闻学专业，但可能在别人眼中光彩熠熠的主播，在我看来却是一个有点儿“乏味”的工作，我更喜欢出去跑新闻，采访大千世界里那些千奇百怪的人。因为每个伟大或平凡的人都有自己独特的故事，见过众生才能更了解自己。后来我创办自己的影像工作室，也一直秉持这一理念。

其实，我理想中的好生活是“既能朝九晚五又能浪迹天涯”，但实际上，我就像个民工一样，每天扛着重得要死的摄影器材，赶着各种便宜的红眼航班，到达后来不及倒时差就开始工作，有时为了等一个合适的景要在寒风中挨冻几个小时。

但也没有办法，就像健身一样，事业的成长也要一点点地创造出来，走得太快，就容易走得不稳。

这些年我换过四台手机，但每个手机都会下载一个运动APP，这样，整个城市都能

成为我的健身房。通过打卡与分享，我慢慢地积累起了一帮粉丝。一想到自己的努力会影响到一些人，那种小学时“既然不小心当了班长那就要做好榜样”的责任感就跑了出来，更加不允许自己偷懒了。

有一次在澳洲凯恩斯，为了看日出，要凌晨两点半起床坐车去农场乘坐热气球。整个农场除了袋鼠，就只有四个工作人员。我不禁好奇地问：“每天这么早起床工作，你不觉得辛苦吗？”对方指着广阔的农场笑容满面地说：“怎么会呢，你看，我有全世界最大的办公室！”

这样的回答，说起来可能显得矫情，但我想，能讲究生活仪式感的人，是可以把生活过成诗的。

《小王子》中，一个卖止渴药丸的商人说：“有了这种药丸，人们每周就可以节约53分钟喝水的时间。”而小王子回答说：“如果我有这53分钟，我宁愿优哉游哉地向水泉走去。”

这是一个盛产偶像的时代，但对我来

说，能给人力量的人才是真正的偶像。我想成为那样的人。在通往理想生活的途中，继续流汗健身，继续认真过着仪式感十足的小日子，继续毫不低调地一点点创造我的好生活。

什么是好生活，每个人都在寻找。一开始我模模糊糊，通过健身带给我生活的改变，我才慢慢分辨清楚，那是一种既有改变世界的大梦，也有优哉游哉向水泉走去的童心。

questions
and
answers

Q：平时这么多工作，是怎么挤出时间健身的？

A： 其实我觉得有没有时间主要取决于事件的优先级，就好像喜欢的人无论如何都是有时间去见的，想做的事情也同样能挤出时间去做。

Q：要管理好自己的身材真的需要放弃那些好吃的吗，会不会太残忍？

A： 对于我来说，美食真的是生活中不可或缺的一部分。但给喜欢的人做一餐饭，和家人共享餐桌前的时光和好身材并不冲突，食物会带着温度留在记忆里。好身材对应的一定是自律，吃什么东西都要适可而止，不会因为贪吃就暴饮暴食。如果节假日吃了太多油腻的东西，会在节后选择三天做轻断食来清理肠道垃圾。建议大家油炸类食品能不碰就不要碰。

Q：你觉得健身带给你的最大改变是什么？

A： 健身带给我的改变，更多的是一种心态上的变化。我很喜欢在健身的过程中，有一段和自己相处的时光。比如跑步时可能什么都不想，游泳时会想很多，会自己和自己说话。之所以喜欢健身，也是喜欢这段和自己相处的时光吧。它让你接受一个更真实、完整的自己。

青年社区

居住需求算是人类基本的需求之一，新一代年轻人的需求不仅要有得住，还要住得好。可你知道的，很多城市的房价已经涨成了神话故事，遥不可及。于是，大多数人会选择租房住。

“青年社区”就这样应声而起。区别于一般社区模式的房屋租赁生意，青年社区的本质是以空间为载体，向都市中的年轻人贩售一种全新的生活方式和独特的居住体验，满足年轻人想要住得更好的需求。它为同质同兴趣的“90后”“00后”都市青年打造出了一个人与人、人与服务、人与建筑等完全互动、交流、娱乐、互助的线上线下联动平台。

轻触手机微信即可打开小区门禁、控制家里的所有智能家居，并能直接对话物业。QQ或微信一个邀约，就可以呼朋唤友在社区开个party。如果你想找一个散发江湖味道、洋溢自由情怀的驿站，青年社区大概是一个不会让你失望的地方。

Good Life

我们在市中心豪华屋里流浪

01#

犄角 / 在校学生
Weibo / 是犄角不是鸡脚

住宿舍的日子，我常常趴在窗台上，眺望马路对面的小区，羡慕他们有宽敞的阳台可以透气，羡慕他们有足够私密的个人空间，羡慕他们舒适温馨的居住环境。

一边也憧憬着，自己毕业以后的生活：最好能像美剧的《老友记》一样，和朋友们住在有趣的房子里；或者像《爱情公寓》里那样，下班后有一群朋友在彼此温馨的房间里嬉笑打闹，当然如果能像《武林外传》里那样，大家同吃同住同工作在一起就更好啦。

可我看到更多的现实却是：毕业后，初出茅庐的小年轻们只能蜗居在狭小的空间中，几乎24小时营业的沙县小吃，时刻喂饱加班到深夜的他们；凌晨仍在地铁口

坚守的“飞摩佬”，随时等着接送身体被掏空的他们；楼下的便利店原地待命帮忙签收他们原本无处安放的快递；大家穿着笔挺的西装在摩天大楼里的格子间流浪，咀嚼着乏味无趣又缺乏安全感的生活。每每想到这些，那种“即将独立迎接新生活的兴奋感”就瞬间荡然无存。

一次偶然的机会，我接触到“青年社区”这个概念，发现这和我想要的生活竟然不谋而合，于是在看到“湾流国际青年社区”公众号发布的城市体验官招募时，带着对魔都光怪陆离的幻想报了名，谁知就这样去市中心的豪华屋里流浪了三天。

我被安排在湾流国际青年社区的四川北路店，从上海站过去不到半小时。下午三点多我拖着行李箱到达，社区的接待处在负一楼，拎着行李下去，接待处的小姐姐很热情地带我到安排好的房间。房间的门用的是密码锁，密码是提前发到登记的手机上的，会给一张门卡，用于晚上十点后进出社区的大门，很方便。

房间不大，但在上海这样寸土寸金

的市中心也不必再大。一室一卫，简洁明亮，非常适合一到两人生活。吧台、书桌、床铺、沙发，还有令人满意的洗衣机、冰箱、热水器，所有的设计与布置都是简约清新的风格，以鹅黄加木色为主，点缀着几点绿，很对我的胃口，奔波劳累的身体便不受控制地往床上扑了过去。

晚上没有强迫自己出去看看夜上海的热闹，移步书桌，打开落地灯，平时繁忙的生活就暂时搁置一旁了。我选择用一部丢了很久未看的电影《喜欢你》来迎接这个夜晚，虽然知道一墙之隔的街道正是灯红酒绿、喧喧嚷嚷。但这里的夜，很静。

得知我过来住，好友悦也无比兴奋地嚷嚷着要来感受下都市人的生活。上午出去接她的间隙在附近逛了逛，社区出门斜对面便是一个大的中信广场，商店餐饮都很齐全。再走两步，罗森便利店、奶茶小吃就都有了，用一份生煎和一小碗馄饨填满空空的胃，简简单单不多不少。很多时候食物就像蛋糕上的那颗樱桃，一颗大大的红红的樱桃就让我觉得生活足够完美了。

悦在下午一点到了，我们没定要去的地方，随便在地图上搜寻，兜兜转转找到鲁迅晚年居住的山阴路以及墙上刻满海誓山盟的甜爱路，感慨时间的瞬息变化和沧海桑田。

走之前我们把房间整理成了来时的样子，它将会迎接下一个来到这座城市的流浪者。我们带走的更多的是留念与欣慰。我想，当我们还是学生的时候，只会不断往前跑，从来不会想每一步的意义，而出社会以后的无聊在于，总是患得患失，隔三差五地思考人生讨厌自己。

一学期又快结束了，希望大家都不要长成无聊的大人。来路无可眷恋，值得期待的只有前方。

questions and answers

Q：青年社区对你最大的吸引力是什么？

A：里面的那种氛围环境吧。住青年社区的大多数都是年轻人嘛，大家的思想、想法都是相似的，在一起交流、互动都是非常轻松的。

Q：你觉得什么样的年轻人更适合住青年社区？

A：我觉得所有年轻的朋友都可以尝试一下。但可能更适合自己有目标、比较自律的年轻人。大家都住在一起的话，其他人的生活习惯、作息肯定会影响到你，能把控好自己的人可能更适合这样的生活方式。

Q：对毕业后的工作和生活有什么计划吗？

A：毕业后可能给自己留半年到一年的间隔年，出去走走或者做做义工，然后再进入工作状态。

梦想成为一条合格的咸鱼

02#

徐慧 / 文案策划
Weibo / Tsuigongzi是我

“除了手机和电脑以外，还有什么重要物品被盗窃？”

“没……没有了……”

“好！我们回去后会备案，如果还有什么信息或者线索也麻烦你及时反馈给我们！”几名蓝衣警察的拜访打破了清晨的宁静。

从室友口中得知，楼下的604昨夜凌晨遭遇了入室盗窃。所幸的是，除了钱财被盗以外，她们没有因此“失身”。刚准备去上班的我，忍不住往604号房子里偷瞄了一下：杂乱的客厅、懊恼的房东以及瑟瑟发抖的三个女孩。她们似乎还陷于恐惧中，久久不能回神。

然而，这种事对于我们来说已经见怪

不怪了。但又有什么办法呢，对于刚刚毕业的上班族来说，这种老旧却便宜的住宅无疑是我们最合适也是最无奈的选择。

因为发生多次入室盗窃，我变得越来越敏感，临睡前要反复确认房门有没有上锁；住宅里杂乱无章的电线纵横交错，常常被迫在夏天忍受负荷断电后的闷热；自来水总是会“限时供应”，你不得不在有水的时候就囤满大大小小的盆子……只有夜晚加班回来，在楼下热闹喧嚣的宵夜档才会让人产生一种错觉：我们也不是很孤独嘛。

可对于我这种对待生活比较严谨自律的人来说，这样的居住条件真的不能太长久。终于，在日趋下降的生活质量中，攒够了一笔钱咬咬牙决定换个环境。

经费有限，配套设施太高端的小区自然不考虑了。某天上网的时候，发现一个离自己工作地方比较近的青年社区——V领地青年社区。认真看完介绍之后，当天就去实地考察了一番，当即决定搬过去。

对于一个独自在外打拼的女孩子来说，最重要的就是要确保自己的安全。来到V领地的时候，从电梯进门开始，到前台小哥哥的那句“你好，有什么需要帮助的吗？”一瞬间让我有一种莫名的安全感。混熟之后，前台的小哥哥变成了贴身小管家，不管是帮忙寄快递，还是wifi有问题，不管多晚都会有求必应，帮忙解决。

社区周围的基础设施很完善，楼下就有健身房、超市、咖啡店、餐饮店，离外

滩也很近。最重要的是，价格也在我的承受范围之内。

就这样，我的生活质量直线上升。下班后，有时间会在楼下买菜自己做饭，不想动的话，就在楼下吃饭也很方便。吃完饭顺道在楼下的健身房锻炼一会儿，不想去健身房的时候就逛滨江大道，傍晚沿着黄浦江散步，从这头走到那头，看夕阳慢慢沉到江里去，然后回家结结实实地睡个安稳觉，再也不会随时被惊醒。

有时候社区会把大家聚起来搞一些活动，慢慢地我又认识了一群住在这里的小伙伴，大家都是自来熟的年轻人，有很多共同的爱好，有聊不完的天儿，扒不完的八卦。有时候我也会在周末约上几个邻居在楼下咖啡店或者外滩边喝个下午茶，或者叫上有时间的社友，一起买菜做饭，然后窝在家里看电视剧。

我想起刚搬来这里的那个周末的下午，我一个人放空闲逛，走累了，在路边的台阶上坐了很久，看对面马路上忙碌无

暇的车流，想着自己的人生。我一直以来的梦想就是做一条咸鱼，但为了成为一条合格的咸鱼，我从小就开始学书法，初中学音乐，高中学美术、舞蹈，我的高中生涯，空闲时间都在练琴，高三最后一年放弃文化课学了一年音乐，原本以为大学只能上川音了，结果阴差阳错到了上海上大学，专业是涉外商务管理，在全英语的大学环境下毕业后，现在工作是新媒体，和专业完全没有关系。

我突然觉得，这一切的铺垫应该都是为了给我一无是处的咸鱼人生拉开序幕吧。傍晚的风吹过来，是刚刚好的舒适度，像身边有一个多年不见的老友，让人心安。

questions and answers

Q：怎样才能做到生活自律？

A：时刻都要有不健身就会长胖，不学习就会退步的觉悟，以及坚持给手机充电，特别积极从来不会忘记。

Q：你有没有跟社区里大家伙不一样的兴趣爱好？

A：听音乐会，看话剧。（希望找到和我一起看话剧，听音乐会的人，如果你和我一样总是一个人去，请你联系我。认真脸。）

Q：跟社区的朋友做过印象最深的事是什么？

A：电影里男女主角在看日出，看完电影我拉着朋友去深圳的海边等日出，结果等了通宵都没等到，还下雨了，然后第二天继续通宵等。

外面阳光正好 我却荒废一个下午

03#

陈劭康 / 独立唱作音乐人、词曲创作人
Weibo / 陈劭康komic

人生的际遇千千万，你怎么也不会想到，自己的人生会遇到什么人，遭遇什么事情，过什么样的生活。

那一年的夏天，毕业之后的第三年，第三次搬家，当时自由职业，或者说没有工作。因为房东回收房子不租给我了，最后临到期一个月前开始疯狂地找房子，一直都没找到合适的，不是因为太旧就是因为地段太偏。

最后想起有一次朋友带我去的YOU+国际青年公寓，当时的第一感觉是：大厅怎么这么大，像一个咖啡店，又特别像那种美剧里大学宿舍的活动大厅，好多人坐在一起玩狼人杀，氛围特别好……可是想到要住过来，又觉得房间格局不大，而

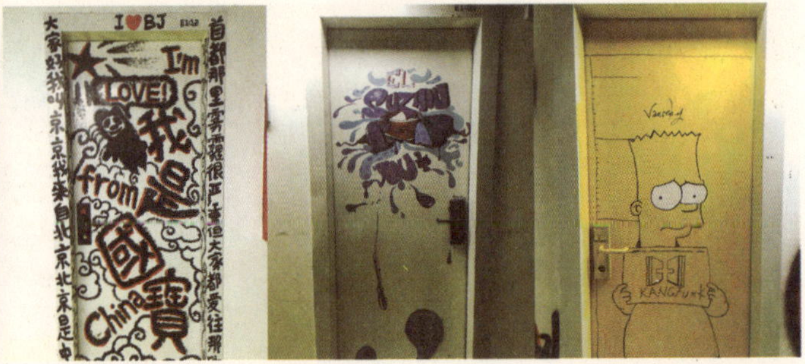

且loft两层式结构，爬上爬下的不是太喜欢，房间里也没有厨房……

结果没想到后来，一住就是四年，真像又读了一次大学。

四年后的今天，我在考虑什么时候搬家，可是又实在舍不得这里的人。我们把这里的朋友叫做“家友”，像家人一样的朋友。

我的一个好朋友小桶，是住在这里最早的朋友之一，有好长一段时间，他会每天睡醒都来敲我房门，因为我们都是自由职业，也都爱好音乐，于是每天都在交流自己的作品。他喜欢嘻哈音乐，我喜欢民谣，他在学习编曲，我给他作词作曲，常常有灵感的碰撞。但我俩都有比较严重的拖延症，在《中国有嘻哈》大火的时候，直到节目播完，我俩合作的嘻哈歌曲还没有写完……

小草是一个会做咖啡、爱摄影的旅行家，她家有一个咖啡机。有时，我会去她家喝一杯她自己做的卡布奇诺，听着蓝牙音响播放的爵士音乐。她的室友蔷薇是一个非常擅长烘焙和料理的纹身师。有时我们会吃蔷薇做的贝果和甜甜圈，又或者是法式面包。喝着咖啡听着音乐聊聊八卦，常常这样，一上午就过去了。

我还有一个朋友叫Bliss。有一年她失恋了，为了安慰她，我带她到公寓附近的江边吹风散心，由此开始熟络起来。她家养了两只猫、一只狗、两只仓鼠，有时会串门去她家撸猫玩狗，非常热闹。有时会一起在公寓看恐怖片，抱着一大堆零食狼吞虎咽，别提多解压了。更多时候，我们还是很好的工作伙伴，她是化妆造型师，我是自由摄影师，一起征战沙场征服客户……

我的很多歌都是在公寓里写的，其中一张专辑《外面阳光正好我却荒废一个下午》里有一首歌叫《活在自己的世界》，我写下这样一段歌词：“活在自己的世界/无须和别人雷同/我要自己的世界/有什么错/过着自己的生活/盘算剩下的路程/若被命运捉弄无可奈何……”

讲的就是，作为一个自由的独立音乐人，常常会在公寓里度过一个个无所事事的下午，看着外面正好的阳光，很安逸，但也有些无奈。前面的道路很茫然，现实的世界很残酷，但是在这个像乌托邦一样的安乐窝里，在自己的舒适圈里，才能活

得更像自己。

人就是奇怪的群居生物，害怕孤独，又对独立空间有执念和追求。我们终其一生，都在试图摆脱孤独的宿命，我们去认识很多的朋友，去谈恋爱，去聚会。可是最后，我们都要长成独立的自己，和生活握手言和。

从来没有想到过自己的生活会像现在

这样。有的人会问，我们的生活是什么样的，这很难形容，其实也就是简单的日常，但时而又有非常耀眼而华丽的片段。还会有人很羡慕，说我们还像在大学校园里一样。而这，也许就是我们想要追求的生活了，在这个被孤独包围的世界里，有一个角落能让人感到温暖，也是一件幸福的事。

写到这里的时候，还是很想就这样，继续地，活在自己的世界。

questions
and
answers

Q：在社区发生过印象最深的事情是什么？

A：我刚来的那会儿，跟家友一起在天台做饭。大家坐下来，嘻嘻哈哈有说有笑。吃完饭后大家怂恿我拿吉他上来弹个几曲。夜色里，大家纷纷拿起手机，打开闪光灯当做荧光棒和着歌挥动。

Q：准备什么时候开场演唱会呀？

A：今年在YOU+小伙伴们的帮助下，开了一场名为“安静的美男子”的演唱会，有很多人来现场听我唱歌，感觉自己真的非常幸运，在这里有这么多朋友在帮助我实现梦想。

Q：你在公寓里都写了哪些歌？

A：曾正式发行专辑《安静的美男子》《外面阳光正好我却荒废一个下午》《你永远都看不到食蚁兽的肚子》等，荣获过第十七届华语音乐传媒大奖“最佳国语男新人”提名以及2017年华语金曲奖“年度最佳国语男新人”提名。

允许部分年轻人先酷起来

04#

刘雨霏 / 负责706咖啡馆运营
Weibo / The-Great-Ivy

五道口地铁站这个十字路口很有意思。往北一直走是清华东北门，往西走是科技园和北大，往东走是U-center和学院路（一大堆学校），往南走就是一条（mini）酒吧街和华清嘉园。

第一次来706青年空间的时候，它还在华清嘉园东门右手边那栋楼。当时还以为现在的公司都流行开在居民楼里，也不知道706到底是什么，感觉不太正规，有点儿不正经。之后参加过几次放映会和诗歌活动，才开始觉得：这个706青年空间还挺酷的。

有一次，南开办独立杂志的郑公子找了两个女诗人来读自己的诗，谈理想，谈生活如何侵蚀艺术。我们把灯关了，点燃蜡烛，既做作又温馨。那时候706地方还很小，很多人进不来门，但是也不走，搬了好多小圆凳子站在楼道里面听。其实也听不太见，估计也看不见什么，但就是不走，就是要站在那儿，手里还得拿着蜡烛，搞得特别庄严，那时又觉得：这个706还真是包罗万象。

五年的时间过去了，706就从最开始小小的两居室，变成了现在的顶楼两栋复式，下一步可能就要占领整个华清嘉园了吧（笑）。

其实五道口还是有它独特的氛围的。（我分析，可能是）因为这边理工科的大学比较多，老的八大院校，在某种不可言说的威严之下，学风自然而然比较严谨，人与人之间交往的方式也是固定的，这也潜移默化地影响到人的思维方式。

我从小就在学院路长大，这种气质同样伴随着我。等我到了中传读书，我才发现，天哪！海淀区和朝阳区真的是两种气质，真的不一样，你一进入朝阳区就能感受到，甚至不需要通过意识，你的身体就能感受到气场的不同，这感觉很微妙。所以如果你大学四年都在同一个地儿待着，你就会慢慢陷入你自己的comfort zone（舒适区）了。慢慢地，脑子也不动了，每天就机械地吃饭、上课、写作业，久而久之人就麻木了。

大学把人做出了分隔。比如分学院，分专业，分班，分男女生宿舍楼，自然而然地减少了大家交流的机会。这时候，学校就出现了各种社团，让所有人能打破界线，用兴趣作为黏合剂聚在一起，这其实已经很好了。而706却早已到了另外一个层次——大家聚在一起甚至不需要有相同的爱好，我们可以持有不同的立场，不同的哲学观点，你敲你的代码，我搞我的音乐，互相促进、其乐融融。

来706玩的人虽然主体还是高校的大学生，却不仅是周围的高校。很多人为了参与706，会在周末专门从外地赶过来，周一之前再回学校上课。也有好多人来了706就休学了。那时候听听大家的经历，觉得挺叛逆的。我父母对我算是比较开放的教育，基本上就是我爱干嘛就干嘛，不干预，但是我能想象很多家庭的父母是很严格的，那么对于那些突然打开思想天窗的人的父母来说，706可以说很魔性了。

以前我最喜欢做的事情就是赶快把该忙的事情忙完，然后回家换鞋放下包在床上躺平。不是我不爱玩，一方面是我喜欢玩的东西家里都有，另一方面是我接触不到和我生活方式不同的人，我体会不了别人到底为什么为了一件事情废寝忘食。我对眼前一切的感觉都是淡淡的，有也行，没有也行，对事对物对人都一样，没有非怎么样不可。在706我学会了一件重要的事情——想要的东西一定要尽全力去争取。什么都想要，而且想要的一定要得到。这没什么不好，这是年轻的特权。

当初来706的契机是想找一个比较“酷”的人，来了之后才发现，人和人是特别不一样的，这些不是书里写的，而是活生生的不一样。你每天在这里生活，就能亲身体会出这种差别。各行各业、各种处事方式、生活方式，千差万别。但奇妙的是，大家竟然还能玩儿到一起，还玩儿得特别开心，这才是最酷的一件事。

questions and answers

Q：你觉得什么样的人是“酷”的？

A： 酷的人普遍比较离地，让人有那么一点点捉摸不透，但他说的每句话、做的每件事都忠于他自己。能听见自己的声音，有自我意识，算是酷的基本款了。换句话说，随大流的人怎么可能酷呢？再酷的东西放在台面上就会迅速变土，你看看现在的《中国有嘻哈》。“酷”这个字必须是服务一小波人的，全国人民都喜欢的东西就不可能酷，无论是性格还是爱好等一切都是这样。

Q：706带给了你些什么？

A： 朋友、回忆，虽然这么说有点傻。706就是我真正意义上的大学。大学期间我就没学习，光在这边“见世面”了，玩儿得最好的朋友也都和706有千丝万缕的联系。

Q：在706自己参与主办的活动，有什么趣事发生吗？

A： 当时有个男生试音响的时候，用手机放了一首《爱情的枪》。我勒令他赶紧给我关了，太难听了。没想到后来我在台湾上学的时候，在公交车上听着这首歌单曲循环还默默抹眼泪。不知道有什么可哭的，我那时候也没受情伤啊。

好好吃饭

“吃”是人的天性。

远古的采集者，每天脑子里几乎就想着一件事：吃——哪里有吃的，有什么吃的，能吃得饱吗？后来，有了早期的烹饪意识，人们开始思考“怎么吃”的问题。等人类文明发展到一定阶段，餐厅、饭店、大排档，替人们解决了许多关于吃的困惑，只要你有钱，爱怎么吃就怎么吃。而现在，随着外卖行业一路高歌猛进，人们越来越多地开始靠手机吃饭，新的困惑再次涌现出来——好吃的饭越来越多，却好久没有好好地吃一顿饭了。

你有多久没有认真地给自己做顿早餐了，哪怕只是个简单的蛋炒饭？又有多久，没有和家人、朋友热热闹闹地张罗一桌饭菜了？

过去，下馆子是奢侈，吃速食是新潮；现在，能回到家里，或是找个地方坐下来，好好吃顿饭却越发显得珍贵了。有这样一群年轻人，他们在做的事显得有些“非主流”，因为他们把食物当成了自己的事业。他们将自己对于人生的期待与理解，全都焖进了独创的食谱里。

Good Life

你们早上好啊

01#

咻咻 / 美食设计师
Weibo / 美食设计师咻咻

每天最期待的就是早上起床的那一刻：从冰箱里取出前一晚洗好的菜，来到灶台前，花5～10分钟时间制作，拍照消毒后，坐在被植物环绕的阳光房里，美美地享受一顿早餐。这便是我一天的开始。

遇到有很喜欢的早餐，就配上最近看书时摘录的文字，做成早安图，隔三差五分享在朋友圈。这件事情做久了，很多朋友们都会问我两个问题：一是为什么要分享早餐；二是为什么我能坚持这么久。

这一切还要从366天前，我辞职的时候说起。

去年，在我还是一个朝九晚九的小设计师时，我的早餐取决于三个因素：起床时间、上班路况、早餐摊排队人数。每

HEXAR

天吃的早餐也不外乎三样：包子、煎饼果子、即食燕麦粥。

那应该是我近几年最黑暗的日子了吧。单调的生活、乏味的工作以及乏善可陈到一眼能望到头的未来，烦琐、麻木、丧失激情甚至有点未老先衰。

为了让自己对生活不太绝望，我开始每天很用心地给自己做早餐（大概因为处女座+设计师的天性），并且拍照Po到朋友圈，跟大家说“早上好”。一来，全神贯注做饭的时候可以忘记很多不愉快的事情。二来，美好的早餐会开启一整天的好心情来面对繁杂的工作。

起初只是想通过这种方式跟不在身边的朋友保持联系，久而久之，越来越多的朋友开始关注、鼓励我，并让我坚持下去。直到有一天，脑子里蹦出一个念头：把美食作为事业。一冲动，裸辞了。

头三个月里，我跟无头苍蝇一样，除了每天坚持学美食、做美食、Po美食外，不知道该怎么办。眼看事情没有了眉目，

再这么下去又要滚回去上班了呀！于是，在朋友的鼓励下，一咬牙，搭建了我的“咻咻美食研究所”。

就这样，我边学、边做、边拍，虽然日子经常入不敷出，却也过得怡然自得。平时把美食心得分享到自己的公众号，有朋友说：“咻咻，羡慕你的生活状态，真想像你一样”。坦率地说，如果一开始就

知道这么艰辛，我不确定自己还会不会选择这条路；也不确定，还会不会自信满满地说，要把美食作为事业。

追逐梦想，除了勇气，还需要规划、需要耐心、需要坚忍，更需要在最难熬的日子里，守护初心、充满对生活无限热爱的元气。

今年一月，我又开始跟大家说早安了，也经常在后台收到大家回复的“早上好”。在美食的海洋里，没有人是一座孤独的岛屿。我是幸运的，在美食的世界里遇到这么多与我结伴而行的朋友，我也会坚持下去，因为，再没有一件事，比清晨一句问候，更让人安心。

有一件温暖的小事，叫陪你吃饭

02#

Harry / EatWithChina创始人
Weibo / 吃货王国国王

我的一个朋友，有一个保持了多年的习惯：不管多忙，每个月一定要跟几个最好的朋友吃顿饭。菜品怎么简单都好，哪怕只是一碗炸酱面。

其实，要在北京这样的大城市约着见一面，吃顿饭，并不是件容易的事。我自己就有过这样的经历，跟几个朋友约吃饭，每次微信上都说，什么时候约着一起去啊。对方回，好啊好啊。可“什么时候”真的就成了一个未知数。有那么一天，订好了桌子，大家信誓旦旦地要去赴约了，碰巧领导临时让你加班，说好的聚餐又被耽搁了下来。

我问那个朋友，你是怎么坚持下来的？时间久了，这种习惯会不会就变成了一个形式？

朋友说：“我一直觉得，朋友圈再多点赞，也不及和朋友吃碗面条。现代科技是很发达，可是，毕竟不如面对面来得温暖。热气氤氲中，朋友见面聊天，相谈甚欢，还一眼就能看出你胖了，他有黑眼圈了，看你不太开心啊……这些真不是在冷冰冰的电脑或者微信背后能够感知到的。”

那么，你有多久没跟家人朋友一起吃顿热气腾腾、推心置腹的饭了？

去年，我第一次认真思考这个问题，并且觉得跟家人朋友吃饭原来是件如此正式、需要慎重作答的事。

那次，我代表公司去外地出差，跟另一家公司商讨合作协议的细节。那天的会议一直开到凌晨五点，依然有许多细节没有达成共识，于是决定回房间休息三个小时，然后再议。对方项目团队里一个30出头的小伙子，立马收拾东西，急匆匆地要往家赶。

“就在旁边的酒店凑合一晚上吧。”他的同事说，“你这路上往返就得两个小时呢。”他笑着摇摇头，打个出租车走了。

他赶在老婆起床前到了家，轻手轻脚做好了早餐——她最爱吃的三鲜面，外加一片烤面包、一个荷包蛋。两个人迎面对坐，笑意嫣然，边吃边聊些工作、生活上的琐事。等她吃完，他麻利地收拾完碗筷，在八点钟前又回到了会议室。

中午开完会，正好跟他一起下楼去自助餐厅，于是就聊起来。他有些不好意思地解释说，这几天老婆身体不太舒服，请假在家休养，而他工作这么忙，晚上回到家，老婆都睡了，所以，陪老婆吃顿早餐，是他们一天唯一能说会儿话的时间。他不想错过。

我问：“你们是刚结婚不久吗？还处在新婚甜腻的阶段。”

“不是，我们认识十多年了，结婚五年，孩子两岁。”

我有些诧异。这样的状态，按理说，不太会这么在意一顿饭要不要在一起吃的啊。

小伙子说，之前其实也不这样。在半年前，他得到老板赏识，升了职，从此似乎每天都有写不完的项目计划，见不完的客户，接不完的电话，回不完的邮件，很多时候连周末都会搭进去。

连轴转了几个月，有一天，突然觉得心慌乏力，站不起来，眼前一黑，就那么倒在了电脑旁。同事赶紧扶他躺下，又打了急救电话，送到医院一检查，原来是心脏累出了毛病，这下不得不休息了。

养病期间，父母过来照顾他，每天换着花样儿做他爱吃的。老婆给他送到病房来，就坐在床边，看着他慢慢吃完。

“我那会儿就在想，假如当时有个好歹，醒不过来了，我最遗憾的是什么。有一个项目没有争取下来？最想要的那辆车最终还是没有攒够钱买？说好的换个三居室，结果还是只能挤在50平的蜗居里？都不是!”他说，“我竟然觉得好久没有跟家人吃一顿像样的饭，怎么那么让人难受呢？”

突然想起之前看过的公益广告：一个孩子费力地用筷子夹菜，夹不起来，急得大哭，终于吃到嘴里，就破涕为笑；大人还没坐齐，一个孩子就拿着筷子想去夹菜，被爸爸阻止，直到长辈先开动，孩子才能伸筷子；一个年轻人过年回家，跑到厨房看老妈做饭，老妈夹起一块肉就塞到儿子嘴里；一个老汉独自在家过年，邻居叫他一起吃团圆饭，他有些不好意思，邻居热情地说，“就是多双筷子嘛”……

为什么一双筷子能寄托中国人那么多的情愫？这其中，有文化的渊源，有家风的传承，更满含对阖家团圆、彼此陪伴的祈愿。

而现在呢，越来越多的人离开家乡，交通是越来越方便，可回家的路，却越走越长；通信也越来越便捷，可见面的时间反而越来越少；我们一起吃顿饭，怎么就变得越来越难了？

所以我尝试着去做一件温暖的小事，开创了一个私厨美食社交平台——“EatWithChina”，在中国，让陌生人聚在一起吃一顿有温度的饭。我想，不管是游子还是北漂的年轻人，不管是身在他乡还是心在远方，大家能坐在同一张桌子旁好好吃顿饭，也算是一种难能可贵的幸福。

失恋时，你需要吃三十三道菜

03#

四郎 / 治愈系创意料理家
Weibo / 四郎深夜食堂

小时候看《中华小当家》，其中一个场景是“美好的食物可令品尝者愉悦地飞起来”，呆呆地站在电视面前的我仿佛感受到了同样的满足，同时，这部动画也为我打开了一扇新世界的大门——料理世界。

有天父母不在家，实在饿得难受，我就独自摸索着做了一道炒鸡蛋，没想到的是，父母晚上回家后，对这道菜赞不绝口。小小的虚荣心得到了极大的满足，从此便一发不可收拾，踏上了做菜的旅程。

我的第一道主题菜是在2014年完成的。那时，我和交往了七年的女朋友分了手，心情跌落到了谷底，试了很多种方法让自己振作起来都无疾而终。后来我看到《失恋33天》里，大老王对黄小仙说：

“回家去洗个澡，好好睡一觉，把自己好好整理整理，别搞得一适龄少女跟库存甩货似的。”我看看镜子里的自己，蓬头垢面，萎靡不振，倒还真的跟库存甩货似的，所以我决定要好好做顿饭来慰藉一下自己受伤的心，于是便有了“失恋三十三道菜”系列主题菜。

不是说没有什么事是一顿饭解决不了的，如果有，那就两顿吗？为了能彻底安抚失恋后down到谷底的心情，我干脆一口气做了三十三道菜来回味了一遍那段感情。

第一道菜我管它叫“撞色男女”（玉米炒毛豆）。当爱情来临时，我们从未想过对方性格是否合适，在那么一瞬间就爱上了她，很少有一辈子不吵架的情侣，就像这道菜一样，毛豆是温润的绿色，而玉米是靓丽的黄色，搭配在一起或多或少有些撞色，也正因为如此，双方在展示完个性之后更需要学会去包容。玉米和毛豆，两种材料看似普通，交织在一起，味道却相得益彰，就像两个人在一起或许不被很多人看好，但是苦是乐，也只有自己知道。

接着是“你依我侬（第二道菜）”“酒酿爱情（第三道菜）”“怦然心动（第四道菜）”“美味情缘（第五道菜）”……真的很出乎预料，仿佛这些菜都具有治愈功能，缓缓地愈合了我心灵的创伤。最后一道菜，我起名为“好好说再见”，说起“再见”这两个字，显得特别伤感，但有时候也是一种洒脱，只有当一个人内心变得足够强大时，才会懂得好好说再见。而我们一定要明白，离开任何一个人你都可以好好活下去，只有对自己好一些，才会离下一次的幸福更近一点。所以，在那个寒冷的冬日，我用了一整个南瓜给自己炖了个银耳红枣粥，暖了暖身子。

释怀后，感觉自己其实还有好多事情可以做，比如需要出去走走，透透气。

六岁时，我出过一次车祸，导致腿部严重骨折，在医生高明的医术以及家人的精心照顾下，万幸没有留下任何后遗症。当时我在医院躺了半年，想要出去走走时，只能靠母亲背着，或许是因为这一点，便有了更多想要行走的欲望和梦想。

这些年，我每年都会定期游走一些地方。虽然没有勇气辞职去旅行，也谈不上衣食无忧骄傲地说走就走。但我用自己赚来的钱，去了想去的城市。每座城市都有独特的韵味，穿行于城市之中，一呼一吸之间，一切都静止了，唯独能听到一道菜的心跳。于是就有了后来的“一座城市一道菜”主题系列。

美食于我而言，更像是一位朋友，心情好的时候，与她分享喜悦；低落时，她又成为我倾诉的对象。味对了，胃会快乐；人对了，生活才会简单，有些事情可以演戏，但美食面前只需呈现出真正的自己。

断断续续做了二十二年的菜，我从未想过要把菜做得多么惊艳，但在讲求色香味俱全的同时，我一直努力地往菜里注入感情元素，让每一道菜都有它特定的灵魂故事。毕竟，美味的东西并不只是来自于食物本身所散发的香味，更为重要的是每道菜背后的故事、文化与精神。

极限挑战

人的极限是多大?

在 Google 中输入“人的极限”，约有 622 000 项查询结果。心跳极限：1 分钟 220次；心跳停止极限：大约 4 小时；最高体温极限：大约 46.5℃；肾脏残存极限：大约 30%…… 而这一切都受制于你体内的多巴胺，这个能控制大脑情欲、感觉的开关。

进化的基因让我们做那些提升生存概率的事情，但也有人开始反其道而行，于是，极限运动开始悄然兴起。

按捺不住寻求刺激、发泄压力的人着手开辟出了一片自己的领域，在那里，地心引力可能不复存在，牛顿定理也显得苍白无力。一切障碍都无法阻止跑酷者的脚步，任何深海都吞噬不了潜水者的勇气，他们能化身蜘蛛侠在高楼上攀爬，也能变身成超人在天空来去自如。

经过某些极限体验后，大脑会通过神经信号释放多巴胺，令人愉悦甚至上瘾。这种快感类似吗啡或止痛药，而且风险越大，快感就越强烈，生理上的快感让爱好极限运动的人们难以抗拒。

Good Life

大多数人都只希望你飞得高

01#

于音 / 中国首位女翼装飞行运动员
Weibo / 于音和于斯人

小时候，每当我看到鸟儿在天空中飞翔盘旋，那种“怒而飞，其翼若垂天之云”的豪迈和自由是让我神往的。但从小，我也被别人告知那是不可能的，人怎么能像鸟一样在天上飞呢？

直到有一次吃完饭在家门口遛弯，看到天上有一个黄色的、像香蕉一样两头尖尖的东西在那飘，当时第一反应以为是个塑料袋，再仔细一看原来是个降落伞。这个发现可把我兴奋坏了，当时就暗下决心，长大后一定要跳一次。到了高中，我把这个愿望郑重地写在了“等我上大学了就要去做的事”的列表里。

多年后，我在这张愿望清单上逐个打了勾，打到跳伞这一栏时，有种如释重负

的感觉，我证实了别人的狭隘：人是可以像鸟一样在天上飞的。跳伞，就是这样一个神奇的存在，它会告诉你：梦想并没有想象中那么难或者不切实际，你是有能力把不可能变成可能的。

第一次跳伞，兴奋大于一切。一打开舱门，大风就“呼呼”地灌了进来。离开飞机的一瞬间，身体开始呈自由落体式往下掉，当时就有种把命交出去了的感觉，直到伞打开的那一刻，世界才慢慢平静下来，在那个角度看世界，让我一度以为自己到了天堂。

落日线上，红灿灿的太阳和地平线相接，蔚蓝中带有微红的世界和地面上的绿树相互交映，湖水波荡，跳伞基地里的beer light已经亮了，pizza和鸡翅也已经烤好，冰镇的啤酒已经上桌了，等待你的是小伙伴的欢笑和轻松的punk音乐。

之前的兴奋和此刻感受到的美显得反差巨大，突然想让自己真切地融入到这一片天空里，也突然领悟到：人和自然是一体的，当你从一个脱离人群的角度感受和融入自然时，当你在比天空更高的地方看尘世和众生时，你会觉得除了这个世界什么都变得无所谓了。

跳完以后，我做的第一件事不是大喊大叫，也不是忙着发朋友圈晒图，而是回头问我的教练："怎么才能像你一样可以一个人跳伞。"

其实从专业角度和经验来讲，第一次跳伞的不算勇士，第二次第三次还敢来的才是，我是想当那样的勇士的。这应该就算是我职业跳伞生涯的开始了。

妈妈第一次来美国看我的时候，我对跳伞已经非常熟练了。我急不可待地告诉她我学会了跳伞，而且还当上了翼装教练，一会向她展示我的最新翼装服，一会给她看我刚刚打破纪录的视频。

那时，我还太小，不明白母亲的担忧和矛盾。她既不希望我因为从事极限运动而受伤，又不愿看到我不能实现幼时的梦想而失落。当时我还兴高采烈地拿着我新买的跳伞头盔向母亲展示，然后说："妈妈你给我在头盔上写个什么吧。"我本以为妈妈会写"一飞冲天""祖国骄傲"这样的词语，结果妈妈却一笔一捺郑重地写下"一路平安"。

这些年，我经历过在黑夜中急速降落跳伞，在云朵间翼装疯狂穿行，在塞斯纳小飞机上倒挂、从另一个角度看过世界，还在5 000米高空拯救过忘记开伞的初学者……也算得上是身经百战。但每每不经意回忆起妈妈在头盔上写下"一路平安"的时候，那情景反倒越来越清晰。

那种郑重地写字的样子和凝重的一笔一画，还有母亲眉宇间似有似无的疙瘩，像是放慢了十倍的慢动作，一遍遍地在我心里循环上演。

questions and answers

Q：跳伞危险吗？

A：没觉得。比开车安全10倍的极限运动，安全得让人觉得不算极限，太稳妥。

Q：会不会觉得我们这些不敢玩极限运动的人就是胆子小呀？

A：我不会觉得他们是因为胆小才不敢玩极限运动的，在我看来，他们可能只是没有开启一种新的视角去观察和感知这个世界。

Q：接下来有什么计划？

A：向珠穆朗玛峰发起挑战。

如果我有轻功，飞檐走壁

02#

张云鹏 / 吉尼斯跑酷世界纪录保持者
Weibo / Zip张云鹏

在很多人眼里，跑酷常被归类为一种极限运动，但也有人说它是在耍帅扮酷，或者是内心非常叛逆的孩子才会玩的一种运动。其实，这项运动并不是只有跑和耍酷。酷这件事，不是从字面上表现出来的。

从小就对《天龙八部》里段誉的凌波微步有着迷之崇拜，经常幻想着自己能像周杰伦歌里唱的那样，“如果我有轻功，飞檐走壁”。可小时候的我不太懂事，更不喜欢学习，整天沉迷于网络游戏之中。直到有次上网的时候偶然看到了一个跑酷的视频，我大为吃惊：这不就是轻功吗？真是相见恨晚！

我摩拳擦掌地忍不住跟着视频里试了试，发现还挺上手，于是就开始用我家的床垫去练习，后来那个床垫被我玩坏了。

下定决心学跑酷的时候，跑酷在中国才刚刚萌芽。当时没有人能理解这项运动，大人都觉得挺烦挺讨厌的，不规规矩矩地走路，上蹿下跳多危险，不老实在家待着，万一损害了公物谁负责。尽管当时我父母也不太支持，但“练了跑酷以后再也不沉迷网游”的变化还是打动了他们。

刚开始练“轻功”的时候，国内跑酷环境并不好，没有训练设施，柔软的草地、沿海城市的沙滩，都能成为跑酷爱好者的聚集地。我曾在草地上练了一年的空翻，才开始有一些提升和成绩，为了能和全国的跑酷高手切磋，我还要频繁地参加比赛。

2015年，我在《吉尼斯中国之夜》中挑战了一项世界纪录。这个项目的规则是：跨越十一根横杆，从最低的一根跳到最高的一根，每两根横杆之间的距离都是2.3米，每个横杆依次上升40厘米，最高的那根是4.4米。别看我练跑酷，但其实挺恐

高的，望向那组横杆，心里有些胆怯。

挑战结束，我以6.14秒的成绩刷新了纪录。前三届的纪录保持者名叫蒂姆，他的成绩是6.30秒。蒂姆是我心中的偶像，被视为世界跑酷圈里的“菲尔普斯”。而现在，国外的跑酷人都知道，我破掉了他的纪录。那种超越自己偶像的感觉，实在太神奇。

一夜之间，我在微博上被称作“中国的骄傲”，也第一次被那么多姑娘表白。有一条微博，尽管沉匿在众多信息中，但还是被我发现了，“儿子张云鹏传来特大喜讯，对决两名世界跑酷大师级选手，一举创造一项新的跑酷世界纪录。当老爸的真为他高兴”。

我爸竟然不声不响地开了微博支持我，在一个“有个如此牛的儿子”的评论下，他回复了一句：哈哈，我也没想到啊！

练习跑酷至今，经常把脚踝崴得像鸡蛋那么大。受过无数次的伤，每一次都咬牙坚持了下来。前三年，我做梦、发呆都与跑酷有关，特别疯狂。现在，尽管我对跑酷还是很痴迷，但会更顾及家里人的看法，不让爸妈担心。

经常有人问我，跑酷是不是只是少数人的运动，对身体素质或者弹跳力要求很高吗？其实不是这样的。它是一个全民都可以参加的运动。就跟我们上学一样，小学学的是加减乘除法，到初中学的是一元二次方程，当我们学到一元二次方程的时候，我们不会再觉得加减乘除法很困难了。

跑酷也是一样的，当你练习到一定程度，就自然而然地想要突破，因为你的身体能力已经达到了那样的水准，你可以去做一些挑战自己的事儿。人生最大的乐趣，不是终极目标实现的那一刻，而是为了理想不断努力前进的过程。持续挑战自己，是对我来说很好的生活方式。

questions and answers

Q：跑酷的时候，如何科学地摔倒才不会很疼？

A：这取决于你摔倒的姿势。摔到肉少的地方就会比较疼。

Q：靠跑酷能养活自己吗？

A：当然能，经济来源于一些跑酷的培训、跑酷的商业演出、广告拍摄还有一些电视的综艺节目等。

Q：接下来有什么计划？

A：我们已经顺利通过了中央一台《出彩中国人》的预赛和半决赛，现在正在全力准备总决赛，录制完接着就会筹备一个暑期的跑酷集训班。

很多人形容潜水是“蓝色鸦片”

03#

Carrie Guan / 潜水爱好者
Weibo / 凯瑞管爱卢湾

吕克·贝松的著名电影《碧海蓝天》中，主角Jacques说过这样一句话：“慢慢滑向大海深处，就好像这种滑行永远没有阻碍没有尽头，每次你都要很困难地给自己找一个上来的理由。”

几年前，我去过一次泰国，同行的美籍男友试图教会我游泳，在一个漂满大象粪便的海域里。回想起来，我初尝潜水的窘态，一定让旁边洗澡的大象在心里翻了无数个白眼。

第一天的教学，男友惨败。第二天，他又要带我去潜水。那个无人知晓的小岛，海水透明如钻，但当我把头闷进水里的时候，恐慌感便从四面八方赶来将我包围。天知道我当时有多害怕，赶忙跳上了岸。

后来，男友跟我炫耀了很久潜水有多么“awesome”，多么酷。他满脸戏谑地说：“你怎么可以不会游泳呢？真是不会玩啊！”

真是可惜，我是一个摩羯座啊。好胜心让我跑到另一个没人知道的小岛上报名了潜水课程。

不知道把自己定位成“旱鸭子”精不精准，但我确实从小到大都不会游泳。当我走进潜水店问教练这个问题的时候，他回答我：“马来西亚那么多潜水员，有四分之一不会游泳。”我当时被他这番论调唬住了（现在想想也太天真），就这样壮着胆子走进了一片陌生的海里，然后一发不可收拾。直到今天，我成为了潜水教练，男友再也没有任何炫耀的资本了，任何。

说这个故事是想告诉你：千万不要惹摩羯座（笑）。

男友最后成了前男友，潜水却在生命中留了下来。一有假期，我就收拾行囊奔向海边。有阵子，我平均每个月都要去

潜水一次，地点集中在东南亚地区，搭周五下午的飞机去，周一早上6点再飞回上海，7点上班。行程紧凑又充实。每到周末，我就可以卸下为这个城市伪装的容颜，戴上面镜，咬住呼吸器，一跃跨步，潜入深海，化身“美人鱼”，感觉那里才是属于我的世界。

成为潜水员之后，生活方式也会随之发生改变。比如，我不再愿意去水族馆，因为我知道，那里禁锢着许多无法得到自由的海洋生灵，它们并不快乐；比如，我到哪里都会打听最近的海在哪里，有没有适合潜水的地方，心甘情愿背着30公斤的潜水装备到处游走；又比如，我关心起海洋保护，身体力行地告诉身边的非潜水员朋友，去海里浮潜的时候，请不要触摸任何海洋生物，不要吃渔民捕上来的保护鱼类：蝠鲼、鲨鱼，甚至鲸鱼、海豚等。

我无法向你描述海底的世界有多么不同，但你可以闭着眼睛感受一下，感受鱼群在你身边穿梭而过，鲸鲨在你面前优雅

地摆动尾巴，蝠鲼张开双翼在海底飞翔……你和它们之间，没有玻璃的阻隔，你成了它们的同类，享受着大海给你的恩惠，在她的怀抱里游来游去。

潜水，需要好奇心。通过它，我们就多了一种方式去感受这个星球带给我们的惊喜、美妙、震撼，甚至是悲伤。当然，所有的一切无非就是让我们能深刻地感受我们自己。“Live Love Dive”。于我，希望能趁早把生活折腾成自己喜欢的样子。

这样的人生，只要一沾上，就再也无法从中抽离出来了。

questions and answers

Q：一个“旱鸭子”学会潜水最短需要多长时间？

A：无法估计时间，需要下水之后评估个人情况。如果你对水没有那么恐惧，会给你时间先练练漂浮和基本游泳技巧，可能是几小时也可以是好几天，评估OK后再继续下面的教学，毕竟安全是第一位的。

Q：潜水过程中氧气瓶突然发生故障怎么办？

A：首先告诉自己不要慌、要冷静，然后马上去找你的潜伴，你可以共享他的备用气源，使自己恢复正常呼吸，接下来再排除故障。如果无法排除，和潜伴一起共同升水，结束这次潜水。

Q：接下来有什么计划？

A：哈哈，目前的打算还是继续去全世界潜水、冲浪（还在学习中）、旅行。Bucket list还有好多未完成呢。

爬楼之前，我生了一场大病

04#

里咪 / 极限运动玩家
Weibo / 里咪-

前阵子，我爬楼的视频被Po在网上，一时间就被推到了风口浪尖，各种声音从四面八方向我扑来。

有人说："你就是在作死，爬那么高，危不危险？活着不好吗？"

有人说："天呐，这是在拿命开玩笑呀，看得我腿都软了。"

还有人问："你不害怕吗，你不怕万一手滑或者脚滑掉下来吗？"

……

在别人眼里，爬楼党可能就是一群爱作死的人，他们爬到高空，然后做一些很危险的事情，拍一些"辣眼睛"的照片。

危险，是对爬楼的最大误解。大家在任何活动中所说的危险，都是指不可控

的那部分因素。过马路是危险的，因为车是不可控因素，可能会被撞飞；吃饭是危险的，因为也存在不可控因素，你可能会被噎住窒息。爬楼呢？其实把握住可控因素，反而没有大家想象的那么危险。因为楼不会突然就垮掉，也没有人会莫名其妙把你推下去。每一次爬楼，我都会事先保证我是安全的。

害怕呢？每个人都会有害怕的事，特别是怕死。但我从来没去认真地想过，我爬这栋楼会掉下去这个事，如果我去想了就会有顾虑，那反倒会影响到我。其实敢爬楼的人都是建立在扎实的身体条件和过硬的心理素质上的。

接触爬楼，是去年一次偶然的机会。去年，我生了一场大病，因为一个人在北京，怕家人担心，自己瞒着家里，一个人挺了过来，接着换了工作，但日子还是浑浑噩噩地过着。

某天睁眼醒来，突然意识到：青春太短了，我活到现在，是真真正正地活过吗？我不想对人生抱憾，更不愿有悔于我的青春。

北京是一座繁华的城市。人们拥挤在如沙丁鱼罐头般的地铁中，被堵在水泄不通的大街小巷，迷失在人潮密集的shopping mall。但它的繁华是一群人的繁华，不是你一个人的。

后来在网上看到一个新闻：两个俄罗斯小伙子爬遍许多世界高楼，在高空拍下令人震撼的照片。看到照片时，我突然感到心跳加速血脉偾张，那感觉就如同年少时遇见暗恋的同学一般。突然感到有一股神秘的力量在召唤我，于是找到一群志同道合的朋友开始我们的爬楼计划。

从一个一无所知的菜鸟到熟练攀爬摸楼的老鸟，中途也遇到了很多困难，比如深夜或凌晨偷偷攀爬烂尾楼躲避安保探索路线，比如许多楼顶没有天台没有梯子，我们就只能在户外铁架子上毫无保护措施地攀爬，小心翼翼的心情下藏着莫名的兴奋。

抵达楼顶后，少不了各式花样玩法。每当我坐在城市的上空，居高临下地俯视着这座我每天穿梭其中的城市时，它显得陌生又熟悉。熟悉是因为，我们每天都生活在这里；陌生是因为，我们从没有以这样的角度欣赏过这里。只有坐在楼顶，我才能真真切切地感受到自己的心跳，确定自己是活着的。这一刻，我不是城市里的一只小蚂蚁，也不是蜗居在角落的一个北漂。

爬楼就像一部冒险电影，如何书写它的意义，取决于自己。我们不一定非要做个爬楼党才够酷，才够帅，但需要保留一份从高处俯视的宁静和淡然。

不理解、谴责或是盲目夸赞、追从，都不是爬楼党想要的。我更多的是希望大家用更加宽容的态度去看待这件事。与其非要去争个孰是孰非，还不如就这么随性浪吧，就这么自在漂吧。

questions and answers

Q：很多人站在河边会有往水里跳的冲动，当你站在楼顶有没有过往下跳的冲动？

A：一次都没有，很多人有这种冲动也许是生理反应吧。

Q：爬楼最需要注意的是什么？

A：最重要的就是注意安全，不管怎么说，爬楼有风险，未经专业训练，请勿模仿。除此之外，爬楼要在不影响他人和社会安全下进行。

Q：接下来有什么计划？

A：今后的打算就是在自己所处的领域做得更专业，以后做一个自由撰稿人。年底要去澳洲gap一年，积极生活。

城市农夫

城市是一袭华美的袍，爬满了虱子。它吸引着追随者的目光，也激发出人性的百般面孔。拥挤的地铁，紧绷的节奏，加不完的班，还不完的卡债……我们上紧了发条，怎么也停不下来。

有时候觉得，在一座城市生活久了，会有一丝丝疲惫。白天，我们“忙”，忙应付自己的社会角色；晚上，我们“茫”，茫然面对寂寞和孤独的自己。于是内心有一种冲动，想要回归田园，过自由自在、自给自足的农夫生活。但现实的残酷就是，大多数人都没有足够的勇气和条件，抛开世人的眼光去践行。于是出则繁华，入则宁静就成了很多都市人深藏心底的向往和期待。

所以我们看到，朋友圈里，活跃着一米阳台、花盆厨房、楼顶菜园……小火柴盒里也要折腾出一亩三分地。以情怀开路，犁出的记忆垄沟，多少滋润了城市农夫那颗皲裂的心。

他们身犹在，心已远，在灵魂深处为城市生活的压力找到一个小小的出口。

Good Life

整个世界不过是一幅画

01#

蒲之未落 / 自由画师
Weibo / 蒲之未落

天气预报说周六会有小雨伴随雾霾，又到了洗澡靠勇气，起床靠毅力，出门靠洪荒之力的季节，这样的天气如果还要按时去上班打卡，真的会让人丧气到谷底。

曾经看到这样一篇文章，写一对在上海从事金融行业的金领夫妇，不堪工作压力，带着孩子，举家回到老家徽州，过起半隐居生活，从此入目便是白墙灰瓦，徽派风情。

歆羡之余，我想到的第一个问题就是：接下来他们的日子该怎么过？子女的教育、生活的压力、工作资源的匮乏以及生病时缺医少药的窘迫……

想完之后又只能自嘲地笑笑，当时我还在实习，正为了毕业后能留在北京拼尽全

力。所以，就算心里藏着一个田园梦，也只能是想想而已。该上班了，就不能迟到一分钟，该完成的工作，就得一件件去完成。幸运的人可以在工作之余享受生活的乐趣，不幸的人只能选择埋头苦干，辛苦维持生计。

好在我是幸运的。虽然我可能摆脱不了工作和生活带给我的枷锁，但人是有很多潜能的。你不能被自己的已知限制住，总得去尝试打破一些东西。即使身在嘈杂的都市中，也可以找到属于自己的那片“田园”。

而我，早就在自己的生活中开辟出了那一方小小的天地——画插画。

高中时期，我成了一名艺术生，后来考入了北京服装学院学箱包设计。但比起设计，我更喜欢画画。上大学的时候课余时间比较多，就想着尝试一种新的绘画方式，把生活中一些美好的事情都记录下来。

当时我试了一下水彩，结果在完成第一幅画后，就被水彩漂亮的晕染效果和清新的色彩深深吸引了。

刚开始，我把甜品作为绘画素材，原因很简单，就是特别爱吃甜点，所以想把北京好吃的甜点都画下来，然后自己做一个总结，既可以推荐爱吃甜食的朋友去品尝，也可以通过水彩交到更多的朋友。

也画一些花花草草，应该每一个姑娘心中都有一个梦幻花园吧。平日路过一些好看的花店，肯定是要进去转转的，然后买上一两枝带回家，挂在墙壁上，摆在客厅里，造一方宁静的田园诗意，再把它们画下来，也算能永久保存它们的美丽。

毕业后我留在了北京，但实习期那种焦虑、紧张、奔忙、仓促的生活让我越来越感到麻木和空虚。当我们坚持某一种状态，可它却越来越糟的时候，就意味着这种状态需要被打破了。打破不是推翻，而是调整。

我辞去了实习的工作，养了几只猫，在家支了张很大的桌子开始专心画水彩。我手中的甜品和怀中的猫自然成了绘画的重点素材。但我的猫儿们都太调皮了，一个转身的工夫，一朵鲜花就凋零了，它们还经常踩到我的调色盘里，然后在我还没完成的画上盖满梅花印。

有时候我也开设一些课程，教别人绘画。也画一些花啊，甜品啊什么的，把他们领到水彩的世界里来。

其实我是很喜欢现在的生活状态的，有工作的时候就认真工作，没事的时候就自己在山水间瞎晃悠，吸吸猫，采采风。

虽然也有画得很累想要放弃的时候，但看到自己一笔笔画出的花，一点点给甜品涂上的颜色，还有那些可爱的猫儿们，心里就有种莫大的慰藉。

人生其实有很多种从容别致的活法。我想，我能做到的，就是无论身在何处，心中自有一番山水田园。它不被俗世所污染，纯净安宁，自由舒适。

若生命是一幅水彩画，最重要的其实不是浓墨重彩，而是那一笔留白。

questions
and
answers

Q：艺考的绘画和水彩画有什么区别吗？

A：当然是有区别的，就像作文和写作是两码事一样。艺考的绘画让人精神紧绷，脑子里时刻琢磨着那些复杂的光影角度和线条规范；水彩画更加清新自然，在整个绘画过程中，会让人沉入其中，是一种全然的放松和享受。

Q：要想画好一幅水彩画，有什么秘诀吗？

A：找对方向多练习。多画，不要怕画不好，要敢于重画。水彩相比于其他绘画形式可能入门稍微难了点，但是只要坚持，一定能画出让自己心仪的作品的。

Q：除了画画还有其他的业余爱好吗？

A：去旅行，然后在路上拍一些照片。当然每到一个地方少不了要去附近的甜品店和花店。虽然那些花好多地方都可以买到，但毕竟原产地的花带有当地的风土气息，与众不同，表现在我的画里面更是别有一番情调。

人生中那些没有答案的问答题

02#

麦洛洛 / 作家
Weibo / 麦洛洛

算一算，我在大理定居，已经四年了，从十几岁到二十几岁，那些细细碎碎的过往，都在大理成为定格——谈过一场惨烈的初恋，又爱上给我永恒承诺的别人；在微雨中散步，没多久又看到七彩云霞在空中泼墨作画；与一些浪迹天涯的人，坐在夜半时分无人的广场，酩酊大醉，口出狂言……

在大理，我笑过，哭过，幸福过，也像许多旅人那样感到过无限的哀愁，发誓明天就要离开，但终于还是被宁静的古城、寂寥的洱海所挽留。

我也在挽留中学会了如何面对离别。那天，我去送别爱丽丝，她是我在大理认识的第一个朋友。我望着她走进黑灯瞎火的火

车站。一排长长的队伍，鱼群一样，涌入未来的大海。我目送她走了很远，直到她的身影彻底隐匿在那列远去的火车上。

忽然间，我想起许多美好的事。想起自己初到大理，被人带去参加一个神秘的诗歌组织。在红砖裸露的房子里，有个长发男生边哭边喊：“我从风与风之间穿过，打着手电，找着黑暗里的黑。”然后，爱丽丝从里屋出来，为了不打扰长发男生的兴致，小声对我说：“喂，能帮我去找找猫吗？”我们在黑夜里找了很久，找到最后精疲力竭。她忽然蹲在地上埋头痛哭，口中喃喃道：“他说过永远不离开我的。”我手足无措地站在旁边，不知她是因为丢了猫而哭，还是为了别的什么。

后来，猫还是丢了，就像我多次试图联系爱丽丝，但她就像从未出现在我的生命里那般，丢得一点影子也找不到。离别就是，我们都走在世界曲折的耳道上，有的人转一个弯，就“咕咚”不见了。

当我开始接受离别是人生中不可避免

的事后，我意识到自己懵懂的少年时代即将走到尽头。那一天，我为纪念自己开始苍老，去到一个酒吧听歌。酒吧里只有我一个客人，而台上也只有她一个人抱着吉他在唱歌，我向她举杯庆祝此刻我们共有的孤独。

我们就此成为朋友。有一天下午，她来找我一起去洱海边。坐在浪潮翻卷着青苔的湖边石头上，她讲起了梦想，说想做一张关于大理的民谣歌集。我也告诉她，此刻我要面临的两个选择：一是重回北京，打拼自己的文学事业，可是也许会跟爱的人分手；二是继续留在大理，往后就这样过一生了。我当时真的很矛盾。每一个选择里都有我不能割舍的东西。而选择一旦定下，很可能会改变未来。

于是她向我讲了她的故事。她是从孤儿院走出来的女孩，为了当歌手，她走过很多弯路，当她终于醒悟，便断绝了过往的一切，来到了大理。我问她醒悟的是什么。她说她认为这个世界上其实不存在选择题，只有问答题。这个问题就是，你想要成为什么人。只要你给出自己答案，无论走上哪一条路，你最终还是会变成这个人。

我苦苦思索了很久。也许现在的我，还不太能坚定地去守护什么，但想起她说：“每个人的心，就像大理这片地方，都是一亩三分地。你要播种什么，这是该考虑的事。而不是总想着该收获什么。因为你种下的，必是你该收获的。”

最后，我选择了留下。大概是一只鸟飞累了，想找个窝好好睡上一觉。在大理的生活缓慢而悠闲，许多快节奏城市里来的朋友，觉得这样的生活过个几天就好了。习惯了脚步匆匆，当气定神闲地游走在古城的青石板路上，会有一种被时代抛弃的错觉。

如今，我用缓慢的脚步丈量生活的每一尺、每一寸。我想我有勇气用一辈子的时间，来慢慢耕耘我心中的一亩三分地。这就是我的答案。

questions and answers

Q：当初为什么想要选择定居在大理呢？这个地方最吸引你的是什么？

A：定居大理其实是很偶然的一件事。没有什么特别的原因，大概是觉得这里有我期许的一种生活，很悠闲，可以自在地做自己想做的事。

Q：如果回北京，还能受得了那种超快节奏的生活吗？

A：肯定受不了那种快节奏的生活了。来大理的很多人都是这样。

Q：最后还是选择留在大理，还会过跟前四年一样的生活吗，还是另有打算？

A：未来的事谁也说不准。但目前会留在大理，因为我的职业比较特殊，写作需要一个安宁的氛围和心境。目前来看，大理是最适合的。

当我发现我可以创造自己想要的生活

03#

谭蕾 / 旅行家

Wechat / sun6050469

有人说，最理想的生活是，在大城市工作，在田园中生活。

从小就对田园生活有种本能的偏爱，总觉得大自然有一股神奇的力量在吸引着我。依着这份偏执和向往，我一直在旅行的路上寻找那些贴近大自然的生活。

我去过很多地方，喜欢光着脚走在大地上，跟当地人一起吃饭、干活。

一种偏见是，农耕劳作被认为是只有“乡下人”才能干的事，有能力的人是不能与“泥巴”为伍的，是天生就该出入于各种灯红酒绿、高端商务会议、大型写字楼等场所的人士。可每次躺在小木屋里，透过窗户看星星的时候，在晴朗天气躺在草地上晒太阳的时候，我总是在大自然赋

予的场景里，感受到一种平静而难言的快乐。

对我来说，过田园生活，并不是要隐居，更不是当“野人”，而是追求一种有情调，高质量的生活。

曾经看过一部电影叫《哪啊哪啊神去村》，当时就在心里冒出一个想法：我也要到山里去守林。于是整装待发，我去了若丁山放牛。

那是一座不为大众熟知且与世隔绝的小山，原叫“野猪凼”，是农村特有的接地气的地名。阿布给它取了个美丽的名字：若丁山。“若”是假设也是期待。

陪着阿布看日出、日落、晒太阳的是一只叫“希拉”的狗，跟“若丁山”一样被阿布赋予了美丽的名字。不过它偶尔也会任性，比如去追赶阿布的牛群，比如经常弄丢阿布的鞋子。

山里或许没有住着神仙，但在神仙居住的山里住着一群颜值爆表的牛。它们映衬着蓝天白云，懒洋洋地在草地上啃食

着青草。我们早上去采蘑菇，希拉会突然冲下山坡，跑过去看，原来是牛群来吃草了。一排排整整齐齐地走上来，偶尔会集体配合着扭头——嘿，看这儿！

我们住的小木屋一年四季都有不同的景致，春天看杜鹃，夏天采蘑菇，秋天摘野果，冬天雪堆在上面像蘑菇房。阿布当初搭建这些房子的时候，从修路、找水源、运输材料，到有可以刷牙洗脸的水，有非常干净的厕所，有遍布山头的wifi，还有开满鲜花的院子，前后花了整整十年的时间。

若丁山还有一个鱼塘，我们管它叫“天空之城”。阿布说，如今他把鱼塘弄得很美，很多人都在问他照片上的湖泊在哪，他只能干巴巴地给他们指向那片“大海”。我听到这句话的时候差点笑出眼泪。

当初阿布跟大哥去山下找水源的时候，断水，水管爆裂，几经失败。当他接到电话，听到大哥说，水好像可以流到上面了的时候，只用20分钟就跑到了山顶。听见管子里的水流声，阿布开心得眼泪都出来了，因为以后再也不用半夜下山拉水了，还可以种花、挖鱼塘、养鸭子……然后就有了那蓝天下的“天空之城”。

其实城市也好，乡下也好，真的不需要分得那么清楚，不过是各自选择生活的地方。有一种极好的状态是：心里住着天堂，便处处都是天堂。你心里的世界不是你眼里的世界，而是你所感受到的世界。所以这不只是一个鱼塘，而是我们的“天空之城”。

在若丁山度过的日子，真是我生命中最美好的体验。这种生活不是电影，而是一种比电影镜头更加质朴、美丽、接地气的存在。这种生活，不是什么凭空出现的乌托邦，而是我们用汗水、双手去交换得来的。当我发现，原来我可以去创造自己想要的生活时，我觉得自己终于变得强大。

questions and answers

Q：怎么才能找到像“若丁山”这样比较偏小众的地方呢？

A： 因为我以前是户外领队，所以喜欢去发现和寻找一些小众又美好的地方。对这些事物也比较敏感，总是会不经意地遇见。

Q：你最喜欢的小角落在哪？

A： 三亚后海，一个海边小渔村，这里有着理想的海边生活，可以跟当地人一起玩，每天在海里潜水、冲浪。

Q：如果条件允许，你真的愿意像农夫一样生活在乡村吗？

A： 这是未来的计划。未来，我希望拥有属于自己的小木屋和小院子，种满鲜花，每天看书晒太阳。要是在海边就更好啦！想要的生活一定会有的，只要你足够热爱生活。

有一天，我们林子里见

04#

懒鱼 / 摄影师、店主
Weibo / 懒鱼时光馆

你一定也曾有过这样的感受：拼命奋斗了一天之后，走出学校大门，天色早已漆黑一片，昏黄的路灯与身边依旧飞驰而过的汽车陪伴着疲惫的你；

耳边沙沙的奋笔疾书声和头顶吱吱呀呀摇晃的电扇让你的思绪莫名停滞几秒；讲台上摆着的仙人掌或文竹也丝毫不能缓解你盯了一天白纸而酸涩的双眼……

就是这样一个小小的空间，却是你一天之中待得最久的地方，循环往复，日复一日。

不同的是，你可能只会在这个空间里待几年，而我，可能要待一辈子，因为你是学生，而我，是老师。

当时最大的心愿是，能拥有一个小

院，在里面种上花花草草。疲惫了，就索性抛下生活中的烦扰，来到院子里与花草为伴，浇水、施肥、修剪花枝，悠然自得，在清闲中调整心态，让奔波不安的身体和焦躁火暴的情绪，找到一处能栖息的温柔乡。让墙外路过的人，也能停下来深深呼吸一口，把沉重的心事抛去，再满怀甜蜜的心情走开。

“辞职开店吧！”一个大胆的想法在心底慢慢滋生，摇摆着蠢蠢欲动的我。

很早以前，我是一个小镇上的年轻人，对老房子、老物件总有一些特别的情愫在里面。也许是潮湿，也许是年老失修，老街区、老建筑总是散发出一种老旧、酸涩的味道。但只要把自己浸润在这样的老旧酸涩中，就会有一种亲切的光辉使你沉淀下来，仿佛能搭上时光机回到过去，窥探那旧时的繁盛。

随心吧，于是我辞去了别人眼中稳定又神圣的教师工作，然后穿过横街，走过凤凰桥，在一个小山坡上，开了第一家杂

懒鱼时光馆
COFFEE
时光馆
森林中的店

货小馆——懒鱼时光馆。

学过画画，但不是专业的设计，也不懂经营管理，只好咬着牙，亲自动手，把那小小的旧房子，渐渐按照自己心中的样子去打造：要摆满清新的绿植、收藏的旅行纪念品，还要养一只小懒猫……但也尽量保留了原始的小道、老旧的地板、木栅栏，长在屋子里的树……那棵树让小店里头看上去很像一个小森林。那时的老顾客常常开玩笑说，有一天，我们总会在林子见。

刚辞职的那半年，有时候，突然一觉醒来，我会以为我该赶去学校给学生们上课了。等我飞快地洗漱完毕后，才发现，我现在好像只剩下时光馆还可以去。梦变成现实的过程很艰辛但也很奇妙，就是你站在那儿，闭着眼睛，想象到的就是现在的样子。

可是好景不长，遇上了拆迁整修，我不得不搬家，离开花了两年时间用心打造的时光馆。后来几经曲折，又搬过几次家，关店又开新店，好在慢慢地，会有人记住，在某条老街的深巷处，有一个拿着麦克风和顾客交流的怪蜀黍，他在这条老街上拥有了一屋子的收藏品和满世界的绿色植物。

去年夏天，机缘巧合下，我遇见了一所废弃的老厂房，犹豫了好几个月，最终决定把它租下来，并在今年春天的时候在这里打造出了一个全新的“空中花园式”懒鱼时光馆。依旧种满了鲜花和绿植，依旧堆满了淘回来的旧物，依旧养着懒洋洋的小猫……只是我在白色的墙上多加了一句“有一天我们林子里见”。

很多人说我是个文艺青年，其实我更愿意说自己是一个“城市农夫”，在这个浮华的年代和快速奔跑的城市之中能停得下来，依照自己的内心去过生活。总有人喜欢把希望寄托在未来，可你要相信，这世上总有一个人过着你想要的生活，只是有的人踏出去了，有的人还停留在想象中。

questions and answers

Q：新馆还会继续招收义工吗，怎么才能成为你们的义工呢？

A：一直都在招哦，想来的朋友就直接投递简历到我们微博招募启事里的邮箱，或者通过微博私信的方式也可以报名的。

Q：为什么总是把店选址在比较偏的地方，不担心别人找不到吗？

A：我是会刻意绕过商业气息浓厚的主街。不想大家刻意来寻找，偶然遇见就好。希望能一直安静地存在下去。

Q：经营好一家店有什么秘诀吗？

A：一家好的店，应该是用时间一点点去累积的，少一些浮躁的东西，多一些真正的纯粹的美好。

TEAM

选题出品 夏川山
项目统筹 马婷婷
特约编辑 李乐晨 罗雪峰
装帧设计 刘洋

E-mail ktnwgz@163.com

推介

《恋习》
系列图书

每个人都有不同的境遇，但无论你正面临哪种境遇，都能以自己的方式去爱，与被爱。爱，是一种能力。爱的技巧，需要不断练习。《恋习》书系将以各种形式为你提供爱的角度与方式，将令你心动的事物一一收纳。

爱自己，爱他人，爱生活，爱我们共同栖息的世界。